人生が大きく変わるアドラー心理学入門

阿德勒心理学实践手册

〔日〕岩井俊宪 著

刘峥 译

中信出版集团 | 北京

图书在版编目（CIP）数据

阿德勒心理学实践手册 /（日）岩井俊宪著；刘峥译 . -- 北京：中信出版社，2023.1（2025.11 重印）
ISBN 978-7-5217-4802-4

I. ①阿… II. ①岩… ②刘… III. ①心理学－通俗读物 IV. ① B84-49

中国版本图书馆 CIP 数据核字（2022）第 178314 号

阿德勒心理学实践手册
著者：［日］岩井俊宪
译者：刘峥
出版发行：中信出版集团股份有限公司
（北京市朝阳区东三环北路 27 号嘉铭中心 邮编 100020）
承印者：北京盛通印刷股份有限公司

开本：787mm×1092mm 1/32 印张：7 字数：103 千字
版次：2023 年 1 月第 1 版 印次：2025 年 11 月第 5 次印刷
京权图字：01–2022–4946 书号：ISBN 978–7–5217–4802–4
定价：59.00 元

献给想用阿德勒心理学指导人生的你。

前 言

“我想解决工作、生活中人际关系方面的烦恼。”

“我想变得更自信。”

“怎样才能成为‘打不死的小强’？”

在我做讲座、培训、咨询时，总有很多人向我倾诉自己的烦恼，上述几类问题最常被提及。

早已被大家熟知的阿德勒心理学刚好可以解决这类烦恼。不管你是想解决人际关系中的烦恼，还是想改变自己，阿德勒心理学都会对你有所帮助。

无论你是初次接触阿德勒心理学，还是此前已经读过几本阿德勒心理学的书，但没太看懂，对他还是一知半解，抑或是想更深入地了解阿德勒心理学的全貌，本书都能满足你的需求。

本书有三个特点：

1 **使用图片、表格的形式详细阐述阿德勒心理学的全貌，让你一看就懂，并可以将阿德勒心理学的理论运用到实际生活中。**

2 **分为“自我”“人际关系”“职场”“亲子关系、家庭关系”四大主题，你可以从中挑选自己感兴趣的部分有针对性地阅读。**

3 **通过具体事例解释难懂的术语，尽量做到通俗易懂。**

“阿德勒心理学包含很多晦涩难懂的术语和理论，读过一遍没懂。”

“读了好几遍也没弄明白那些术语的含义。”

如果你属于上述情况，请一定读一读这本书。

*

阿德勒曾经说过：“每个人都既是一幅画作，又是这幅画的作者。”(《儿童教育心理学》)

我们有能力改变自己的人生。

尽管身陷困境，失去信心，身不由己，被人左右……我们依然能重新站起来，继续前行。

阿德勒心理学将成为引导大家走向幸福的地图。

我们每个人都是自己人生的主角。

如果能掌握阿德勒心理学的思考方法和实践方法，我们就能拥有美好、丰富的人生。

岩井俊宪

2014年12月

目 录

第1章
阿德勒心理学的基本理论
——熟悉“五一一”理论，快速入门

第2章

阿德勒心理学之自身篇

——认识自己的情绪与价值，摆脱自卑情结

第3章
阿德勒心理学之人际关系篇
——成为受欢迎的人

第4章
阿德勒心理学之职场篇
——学会处理复杂的人际关系

第5章

阿德勒心理学之亲子关系、亲密关系篇
——提升与子女、家人相处的能力

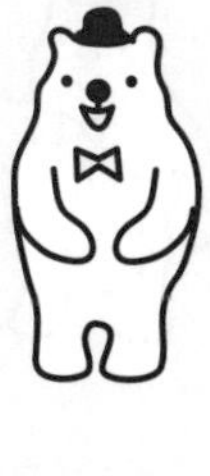

第6章

用阿德勒心理学改变人生

——赋予自己勇气，体验共同体感觉

附 录

梦的理论与三十四种常见梦境的含义

让我们靠自己解
决人生的问题！

本章重点

本章将介绍阿德勒心理学的五大经典理论、一种方法和一种价值观。阿德勒心理学是一种什么样的心理学？它由什么样的思考方法组成？各种理论是怎样关联在一起的……本章将为大家梳理这些重点。

什么情况下本章内容对你有用？

☐ 初次接触阿德勒心理学。

☐ 只听说过一些术语，不清楚它们到底是什么意思。

☐ 想重温阿德勒心理学的主要理论。

第 1 章

阿德勒心理学的基本理论

——熟悉“五一一”理论，快速入门

阿德勒心理学的全貌

对现代社会产生重要影响的心理学

· 在西方，阿德勒与弗洛伊德、荣格并称为“心理学三巨头”。
· 阿德勒心理学由阿德勒创立，被其后继者不断发展。

阿德勒心理学的主要理论

阿德勒心理学的主要理论大致可概括为以下五点。

1 每个人都是自己人生的主角（自己决定性）

· 人不是环境或过往经历的牺牲品，而是主角。一切取决于自己。
· 人具有创造自身命运的能力。
· 人的积极品质和社会动机影响了个人行为。

2 人的行为是有目的的（目的论）

· 过去的心理创伤只是借口，人现在的行为是由现在的目的所决定的。
· 决定我们自身的不是过去的经历，而是我们赋予经历的意义。

3 人是身心统一的存在（整体论）

· 我们在内心深处，希望自己成为一个群体中重要的一部分。

4 大家都是透过自己的眼镜看待事物的（认知论）

· 人只能通过主观意志来把握事物。

5 课题分离（人际关系论）

· 人所有的烦恼都来自人际关系。

“赋予勇气”与“共同体感觉”

与前文介绍的五大理论同样重要的还有“赋予勇气”的方法和“共同体感觉”的价值观。

赋予人克服困难的动力（赋予勇气）

· 赋予勇气就是赋予人克服困难的动力。

· 赋予勇气既不是“夸奖”，也不是激励。

· 赋予勇气不但能让原本活力四射的人更具活力，而且能让抑郁的人重新拥有活力。

· 阿德勒心理学在上述五大理论的基础上运用“赋予勇气”的方法解决问题。

与同伴相互联系的感觉（共同体感觉）

· 所谓共同体感觉，指人在各自所处的家庭、地域、职场等环境中的归属感、信赖感、贡献感的总和。

· 共同体感觉也是人精神健康的晴雨表。

· 共同体感觉是阿德勒心理学的重要价值观，提高共同体感觉是理想的目标。

阿德勒心理学概览

赋予勇气

赋予自己和他人克服困难的动力。

↓

自己决定性	人具有创造自身命运的能力。
目的论	人的行为具有其特定目的。
整体论	人不是心灵与身体相矛盾的生物，而是拥有很多面的一个无法分割的整体。
认知论	人是凭主观意志把握事物的。
人际关系论	人的所有行为都有其对象，不能脱离社会单独存在。

↓

共同体感觉

“有自己的一席之地”“被人信赖”“具有自身价值”的感觉。

阿德勒心理学的五大核心理论

本节将为大家梳理阿德勒心理学五大核心理论中的基本思考方法，解说其中的要点。

1 自己决定性

人怎样看待周围的环境，如何看待过去？答案由自己决定。

人具有创造自己命运的能力，而不是环境或过去经历的牺牲品。
阿德勒说，“人是自己命运的主人公”，“**每个人都既是一幅画作，又是这幅画的作者**”。

自卑感和自卑性

· “自卑感”“自卑性”与“自己决定性”及后文将要提到的“目的论”有密切的关系。
· 按照“自己决定性”“目的论”的思考方法积极地朝目标努力，能够将自卑感转化为奋进的动力。（请参见本书第39页中关于“自卑感”“自卑性”的详细论述。）

塑造你的是你自己，能够改变你的也是你自己

- **阿德勒心理学承认成长环境、客观条件等因素对性格形成具有影响。**
- **但是怎样理解这些因素，从而形成怎样的态度，则取决于个人。**
- **阿德勒心理学认为，在人的成长过程中，遗传等身体方面的因素以及环境有其影响力，但最终决定一个人性格的根本因素是这个人自己。**

判断标准是建设性的还是非建设性的？

· 做决定时，以什么作为判断标准至关重要。

· 我们在做决定时，总是容易用自己心中的“好”“坏”“对”“错”进行判断。

· 阿德勒心理学认为，应该以“对于自己和他人而言是建设性的，还是非建设性的”作为判断标准，这点非常重要。

★用这个判断标准看待问题，可以让我们避免把某个人看成坏人或把问题归咎于别人。

★自己为自己的决定负责。

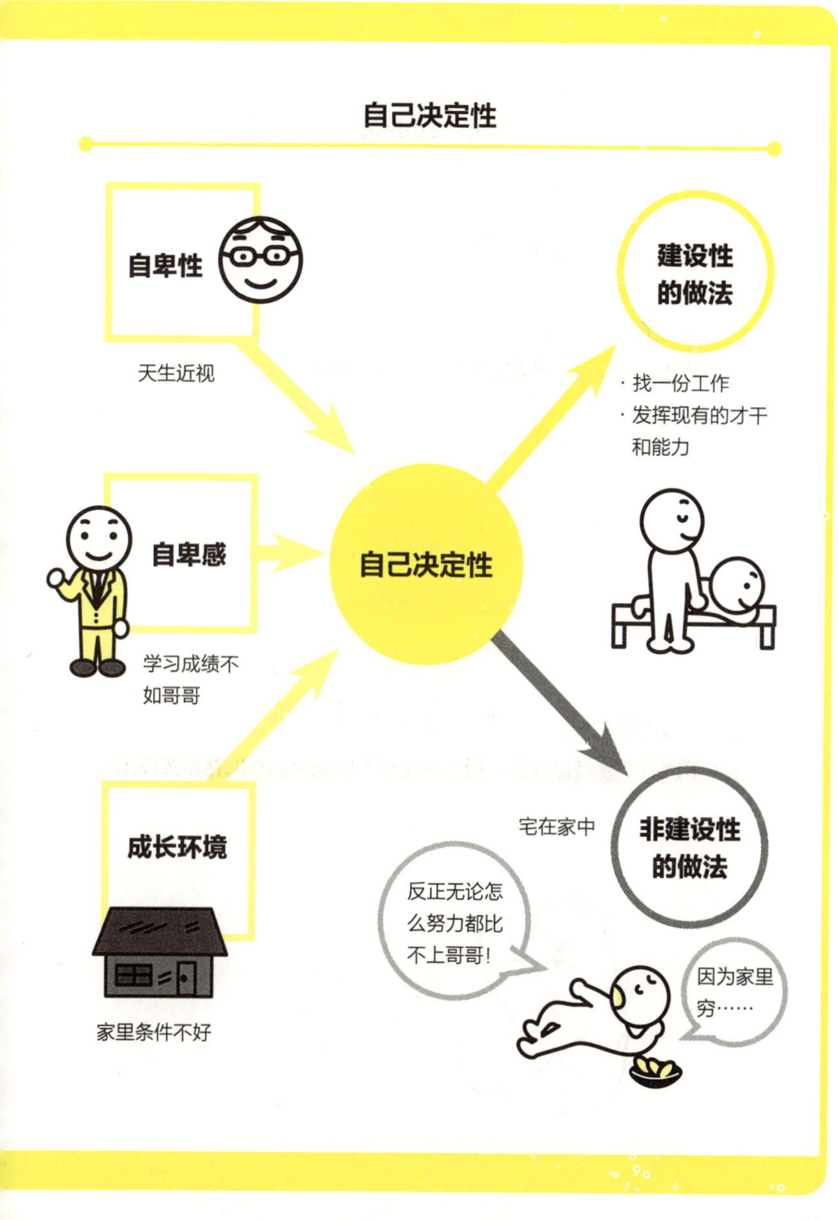
自己决定性
自卑性
天生近视
自卑感
学习成绩不如哥哥
成长环境
家里条件不好
自己决定性
建设性的做法
· 找一份工作
· 发挥现有的才干和能力
非建设性的做法
宅在家中
反正无论怎么努力都比不上哥哥！
因为家里穷……

2 目的论

人类的行为必然伴随着目的。

任何人类行为都一定带有目的性，这种思考方法就是“目的论”。

阿德勒心理学是一种面向未来的坚持“目的论”的心理学。

它与弗洛伊德的“原因论”观点正相反，“原因论”主张过去的某件事情导致了现在的结果。

- 阿德勒心理学主张，“人类的行为具有个人的目的”。
- 当人下决心“要做点什么”时，一定是面向未来的意志在发挥作用。

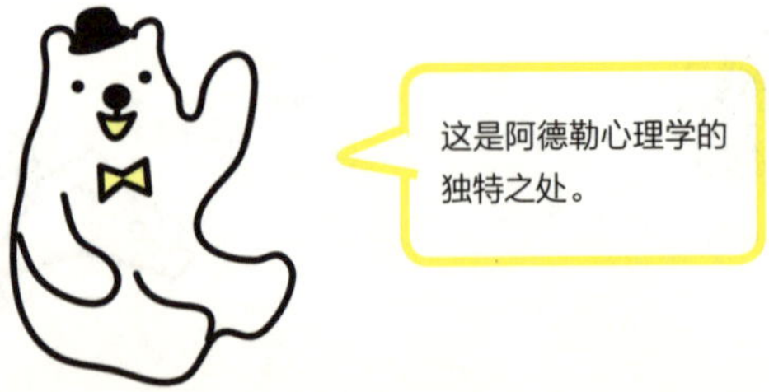

引发人类行动的不是过去的原因，而是未来的目的

- 意志是连接现在和未来的桥梁。
- 未来是人靠自身主观意志创造出来的。

3 整体论

人的心中没有矛盾。
理性与情感、内心与身体都是相互联系的，人应该被视为一个无法分割的整体。

我们经常把“道理都懂，就是停不下来”挂在嘴边，其实并非“停不下来”，而是“不想停下来”。

阿德勒心理学认为，人的心中没有挣扎。

·“整体论”的观点主张，“人不是内心矛盾对立的生物，人的每一部分都是无可替代且不可分割的”。

·这一观点不同于其他主张意识与无意识、理性与情感相互矛盾的观点。

理性与情感、意识与无意识相互联系，不是“不能做”，只是“不想做”。

整体论

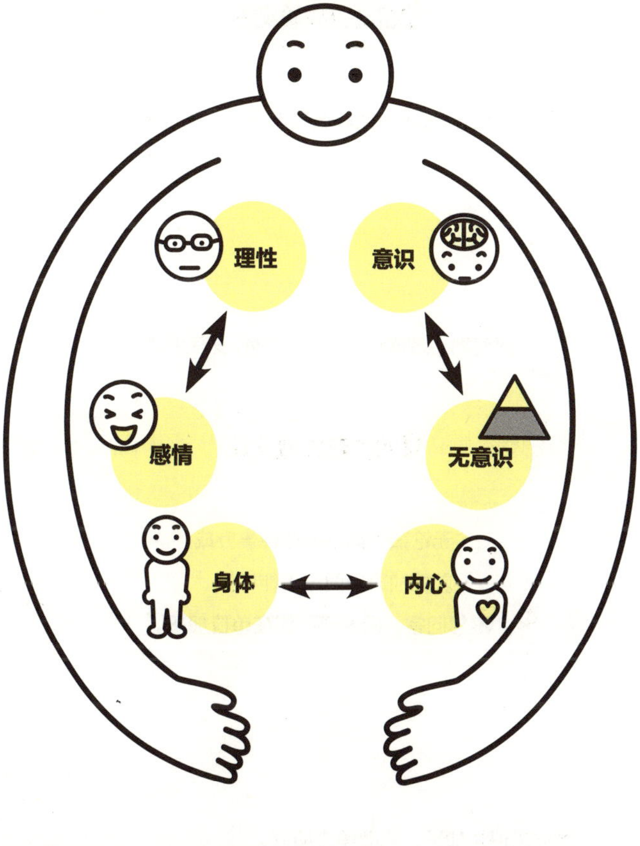

意识与无意识、理性与情感、内心与身体……人是不能被拆分为这些要素的整体，这些要素彼此之间相互关联。

原因论这样看问题

"因为工作太多，所以没办法下班，得加班。"

↓

阿德勒心理学认为，人的内心没有纠结。

目的论这样看问题

"无论如何都想把这件事办成，
就算加班也要把工作做好。"
"不想回家，回家还不如在单位加班。"

↓

· 只要你想停止加班，就能停止加班。
· 之所以做不到，只是因为"不想停止"或者"不打算停止"。

内心与身体也是互相关联的。

· 医生为你的过度呼吸、失眠等症状开了处方，但这么做只是针对身体的。

整体论主张兼顾内心和身体

· 用整体论的观点看待问题，就不会再说“因为……所以没办法”这类话。

· 比起“I can not……（我不能）”，“I will not……（我不愿意）”是更确切的表达方式。

4　认知论

任何人都会透过自己特有的“眼镜”看待事物。

人们体验相同的东西，因感受方式和理解方式不同，得出的感受和理解也不相同。

不同的人去同一个地方，有人感觉“这里很舒服”，有人则感觉“这里真嘈杂”。

类似这种情况，认知论认为：“人只能通过自身主观意志来把握事物。”

· 人不可能百分之百客观地把握事物。

· 对于外界发生的事，人不是客观地把握事实，而是按照自己的意愿，根据自身体验或喜好主观地定义并做出反应。

阿德勒心理学认为，要认识一个人，比起看他身上发生了哪些事情，更重要的是看他是怎么理解和接纳这些事情的。

认知论

人透过自己的“眼镜”看待事情。

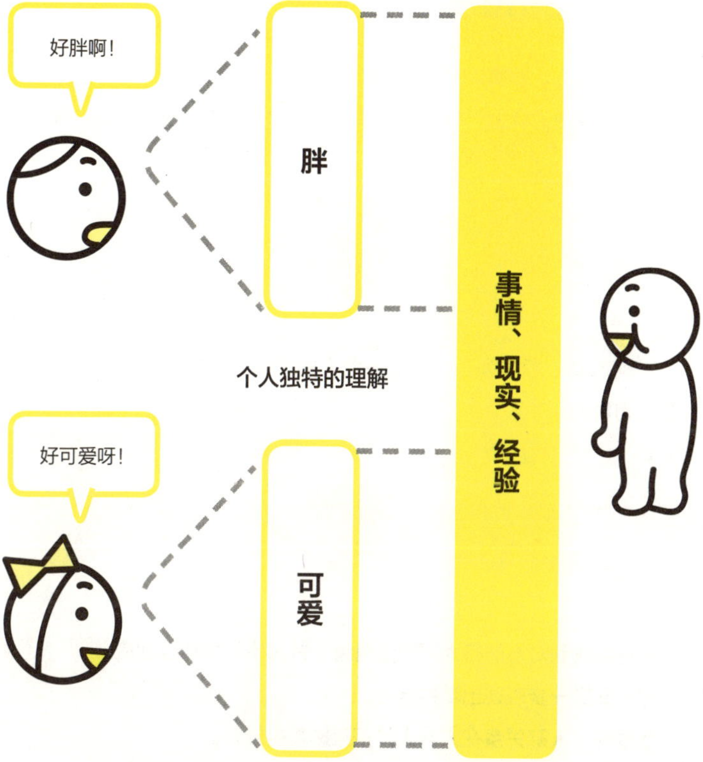

尽管是同一件事，不同人的感受方法也不尽相同。

5 人际关系论

所有的行为都有其对象。

人的行为、感情指向某个对象。

人际关系论认为："人类的所有行为都是存在着对象的人际关系。"

阿德勒心理学强调，脱离与他人的关系而孤立地看待行为本身是不可能的。

- 人在接收到对方的行为后产生情绪，并做出行为加以回应。
- 对方又进一步表现出某种行为。
- 就这样，人际关系在人与人的相互影响中展开。

对象也可能是自己

· 对象既可以是别人，也可以是自己。

· 有一个现实的自己，还有一个总在与自己对话的另一个自己。

面对问题时，两个自己不断对话，最终得出结论。

想了解对方是个什么样的人，要看他如何与别人相处

· 根据阿德勒心理学的理论，要了解一个人，观察他与别人相处的模式是一条捷径。

· 比起关注对方的想法（思想），关注其人际关系（行为）更易于考察，且不会出错。

人际关系

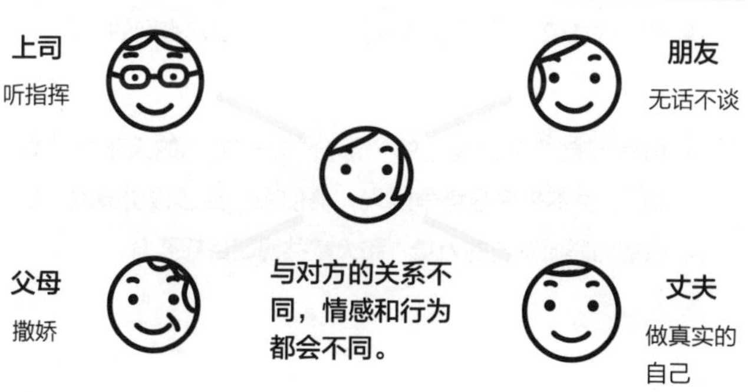

一种靠自己解决人生问题的方法：赋予勇气

阿德勒心理学也被称为“赋予勇气的心理学”，所谓“赋予勇气”，用一句话解释就是“赋予克服困难的动力”。有了勇气，不管是在自身成长还是在人际关系方面都会少很多烦恼，这能让人生变得丰富多彩。

勇气包含三大重要因素。

1. 勇气是“接受风险的能力”。具有这种能力，人才能进一步成长。面对人生风险时，有勇气的人会鼓起勇气，积极尝试。

2. 勇气也可以被称为“克服困难的能力”。有勇气的人具有“困难不是无法克服的障碍，只要我们想办法，就可以克服它”的意识，因此能够把困难转变成对自己有利的因素。

3. 勇气还是“合作能力的一部分”。有勇气的人不是“独狼”，也不是只想竞争的人，他们既能自己做出贡献，也有能力凝聚队友的力量，和大家共同朝目标努力。

什么是勇气？

接受风险的能力

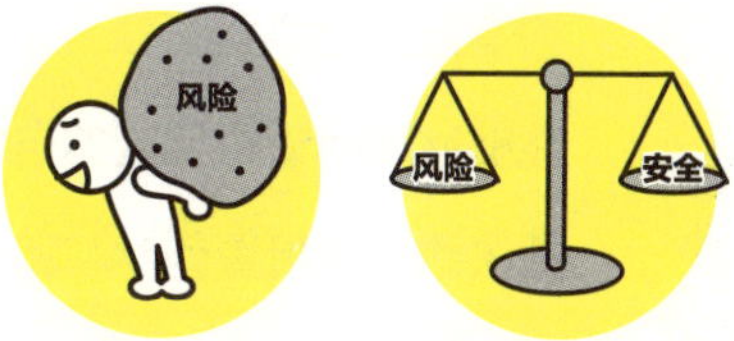

克服困难的能力

合作能力的一部分

能够与他人合作

“有勇气的人”与“没有勇气的人”

有勇气的人 ☺

- 具有自立意识
- 相信自己的能力
- 能够客观地看待和接纳自身的缺点和不足
- 把失败、挫折看作学习和成长的机会
- 乐观地看待未来
- 承认自己与别人的差异
- 能够与别人合作
- 能控制自己的情感

没有勇气的人 ☹

- 具有依赖性
- 觉得自己没有能力
- 把自身的缺点和不足归咎于别人
- 认为失败、挫折是致命的
- 悲观地看待未来
- 害怕自己跟别人不一样
- 回避别人或者将别人视为竞争对手
- 不能控制自己的情感

“赋予勇气的人”与“挫伤勇气的人”

赋予勇气的人	依靠尊敬和信赖赋予动机 乐观（积极地思考） 目标型 着眼大局 加分主义 喜欢肯定 重视过程 重视人格 重视与他人的合作 善于倾听 允许失败
挫伤勇气的人	依靠恐惧赋予动机 悲观（消极地思考） 原因型 拘泥于细节 减分主义 喜欢否定 重视结果 轻视人格 重视与他人的竞争 不善于倾听 不允许失败

一种获得归属感的理想价值观：共同体感觉

阿德勒心理学重要的观点之一就是“共同体感觉”。所谓“共同体感觉”，指希望自己成为家庭、职场、社区等环境中的一部分。阿德勒心理学非常重视这种感觉。

拥有共同体感觉的人能做到与他人相互尊重，能在“要做贡献”“要与别人合作”的意识驱动下积极行动。

自我接纳

拥有共同体感觉的人懂自己，能够接纳真实的自己——不管是自己的优点还是缺点。这就是“自我接纳”。

与自恋的区别

自恋的人不愿看到自己的缺点，总摆出一副“我就是要比别人强”的竞争架势。

拥有共同体感觉的人具有哪些特点?

1

关注其他伙伴感兴趣的事物

2

拥有“我是团队一员”的意识

3

积极主动地帮助其他伙伴

4

尊重、信赖别人

5

通力合作

良好的共同体感觉是精神是否健康的晴雨表哦!

阿德勒心理学与弗洛伊德心理学的区别

阿德勒和弗洛伊德同处心理学三大巨头之列，那么同时期的阿德勒心理学和弗洛伊德心理学有哪些不同之处呢？下面我们来比较一下。

（在《阿德勒心理学教科书》基础上绘制而成）

阿德勒心理学	弗洛伊德心理学
人是社会性的 · 归属于社会的需求是人类行为的本源。 · 人类行为的目的是在集体中寻得一席之地。	**人是动物性的** · 动物本能是人类行为的本源。 · 人类在本能冲动的驱使下行动。

阿德勒心理学	弗洛伊德心理学
理解人类行为的目的 · 任何人类行为都有其目的。 · 行为的目的指向未来。 · 人类行为是面向未来的创造性活动。 · 人具有选择和决定的自由。 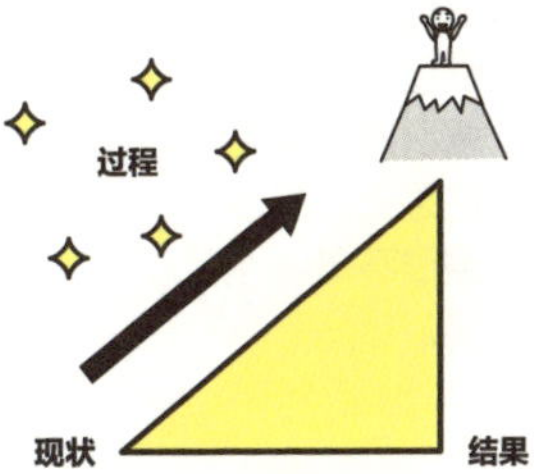 	**理解人类行为的原因** · 任何人类行为都有其原因。 · 行为的原因发生在过去。 · 人类行为是对冲动的被动性反应。 · 人受本能和环境支配。 
人是不可分割的有机整体 · 意识与无意识在共同追求目标。 · 人的内心没有纠结。 	**人是由各部分拼凑而成的** · 意识与无意识矛盾对立。 · 人的内心经常纠结。 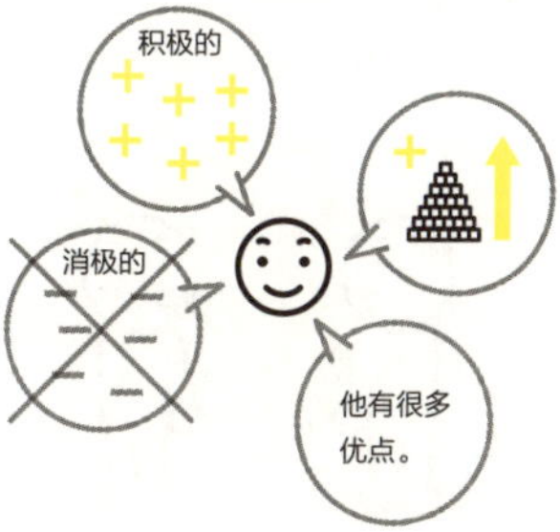

阿德勒心理学

人类的精神基本上是合理的

- 人类为了实现目的创造并使用情感。
- 人是主人，情感是工具。
- 为了达到目的可以控制情感。
- 无意识是可以信赖的。
- 理性是强有力的。
- 人类很了不起。
- 乐观。

弗洛伊德心理学

人类的精神基本上是不合理的

- 无意识制造了情感，驱使人类做出行为。
- 情感是主人，人是奴隶。
- 很难控制情感。
- 无意识是万恶之源。
- 理性是无力的。
- 人类很不堪。
- 悲观。

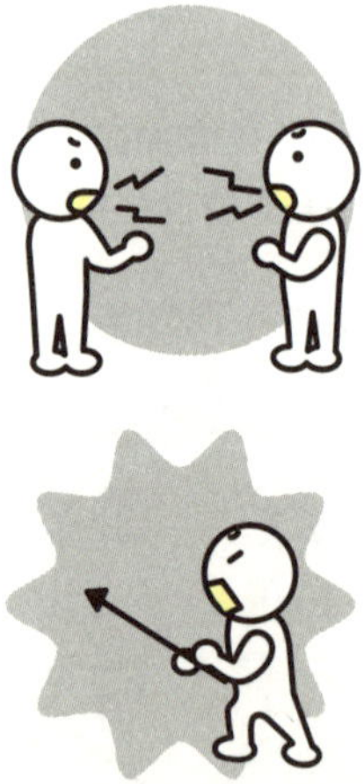

阿德勒心理学	弗洛伊德心理学
个体与社会基本上是和谐的 · 社会是为人类幸福生活而存在的场所。 · 人类在为共同体做贡献时变得幸福。 	**个体与社会基本上是不和谐的** · 社会禁止满足个体的要求和冲动。 · 人类只能活在对社会的妥协之中，无法真正获得幸福。 
救助人 · 心理学是技术。 · 是教育性的、实践性的。 · 理论只有应用于服务与治疗，才有存在的意义。 	**理解人** · 心理学是科学。 · 是哲学性的、思辨性的。 · 理论本身就有存在的意义。 

专栏

阿尔弗雷德·阿德勒的一生

做过医生，开创了自己的个体心理学。

阿德勒心理学的创始人阿尔弗雷德·阿德勒 1870 年出生在奥地利首都维也纳市郊的一个犹太人家庭。阿德勒从维也纳大学医学部毕业后，先后做过眼科、内科、精神科的医生。

他曾与精神分析学说创始人弗洛伊德探讨神经症问题，**并开创了名为“个体心理学”的理论体系**，该体系发展成了当今的阿德勒心理学。

第一次世界大战爆发后，奥地利成为战败国。在急速的民主化进程中，各种问题纷纷涌现，**阿德勒身处其中，在教育领域倾注了格外多的心血和精力。他在维也纳开办了世界上第一家儿童心理咨询室**，在实验性学校的运营方面也做出了突出贡献。

阿德勒心理学在精神医学、教育、商业等多个领域均有应用。

1937年，67岁的阿德勒在去苏格兰演讲的路上突发心脏病去世。**此后，他的学生们继承并发展了他的理论与实践方法。如今，阿德勒心理学已渗透至精神医学、心理学、社会教育、学校教育、家庭教育等众多领域。**

在日本，近些年来除了教育领域，阿德勒心理学在商务领域中的效果也开始被证实，相信未来阿德勒心理学将在更多领域发挥作用。

本章重点

本章的主题是如何与自己相处，针对不同场景提供具体的思考方法和解决策略，例如怎样控制情感，如何面对自己或他人的愤怒情绪，怎样摆脱妄想和负面情绪的纠缠，如何过好自己的人生，等等。

什么情况下本章内容对你有用？

- ☐ 不能很好地控制自己的情感
- ☐ 处理不好愤怒的情绪
- ☐ 习惯性地情绪低落，但想要有所改变
- ☐ 想尝试思考一下自己的人生

第2章

阿德勒心理学之自身篇

——认识自己的情绪与价值，摆脱自卑情结

人并非因为悲伤而哭泣，而是因为哭泣才悲伤

想了解自己，先要了解自己的情感，这点非常重要。我们先客观地审视一下情感：它具有三个作用。

1. 情感与身体、思想、行为密切相关。
2. 与肩负“理性回路”的思考相对，情感承担着“非理性回路”的作用。
3. 情感发挥着给行为提供燃料的作用。

情感与思想之间的联系

思想与情感是相互关联的，当我们认为“应该怎样怎样”（思想），然而现实发展并不符合预期时，心头就会涌现愤怒的情感，这便是二者相关联的证据。

情感与行为之间的联系

“人并非因为悲伤才哭泣，而是因为哭泣才悲伤。”（威廉·詹姆斯）

这句话的意思是说，并非“悲伤”的情感引发了“哭泣”的行为，而是“**哭泣的行为引发了悲伤的情感**”。同样也存在“人并非因为开心才笑，而是在笑的过程中变得开心”的观点。

综上所述，情感就是这样与身体、思想、行为密切相关的。

什么是自卑：为什么总认为自己不够好？

在阿德勒心理学中经常出现三个与“自卑”有关的词，下面我们依次对它们进行解释。

与“自卑”有关的三个词的定义

自卑性： 身体器官客观上存在缺陷。

自卑感： 主观上很自卑。

自卑情结： 以自卑为借口，逃避人生应面对的课题。

自卑性

指身体的**感觉器官、内脏、骨骼等天生存在缺陷，或者后天出现问题，阿德勒将它称为“器官缺陷”。**

阿德勒本人也深受佝偻病困扰。

自卑感

谈到自卑感，人们往往联想到拿自己与他人进行对比，但是在阿德勒心理学中，阿德勒将**自身理想/目标与现实之间的差距所催生的隐性情感称为自卑感。**

“自卑性”与“自卑感”的区别在于：“自卑性”是身体上、心理上有缺陷的客观事实，“自卑感”是主观上认为自己不够好。

人类因为理想与现实之间的差距而感到痛苦

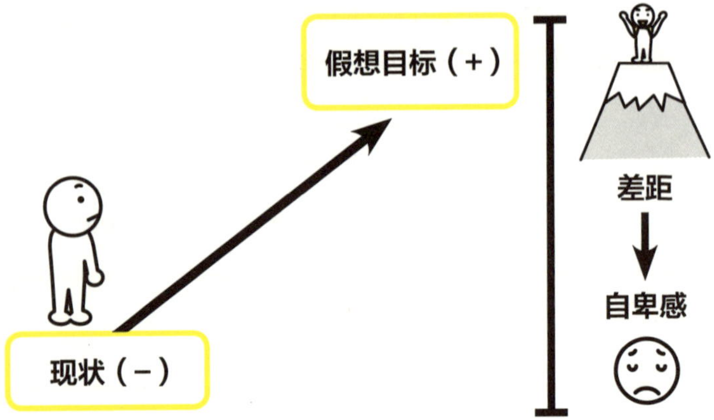

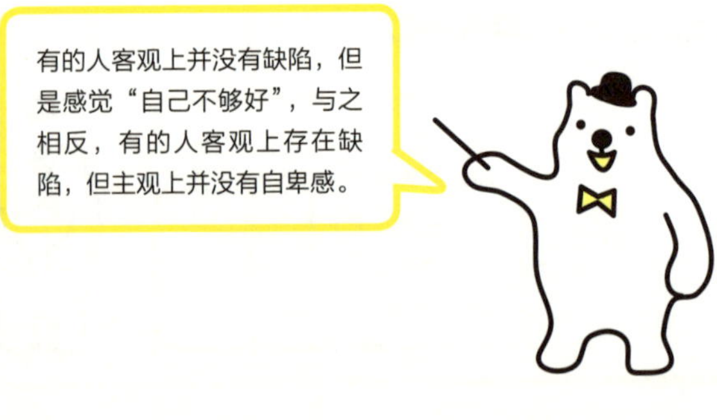

自卑情结

阿德勒指出，自卑情结“是异常的自卑感”，“基本算是一种病”，“是一种过度自卑的状态”。

为了躲避自己的人生课题，宣称自己软弱无力的态度或行为可以被称为自卑情结。

一点建议

作为自卑情结的反面，是“优越情结”一词。有优越情结的人，表面上宣称自己如何优越，实则与有自卑情结的人一样，都是缺乏勇气的。

我毕业于一流大学……

我认识很多名人……

停止胡思乱想的生活
——五种常见的认知扭曲

人类通过自己的主观意志把握事物（认知论）。

人对自己、对世界所持有的独特的看法、思考方法和价值观被称为“私人逻辑”。

私人逻辑

· 私人逻辑就像那个人特有的眼镜一样。

· 阿德勒心理学认为，不管是持肯定的还是否定的态度，任何人看待事物的方法都是扭曲的。

在这个私人逻辑中，存在“认知扭曲”。认知扭曲指扭曲的、会令自己与周围发生摩擦的想法。

认知扭曲有以下五种类型。人在陷入困境时，容易被认知扭曲支配。

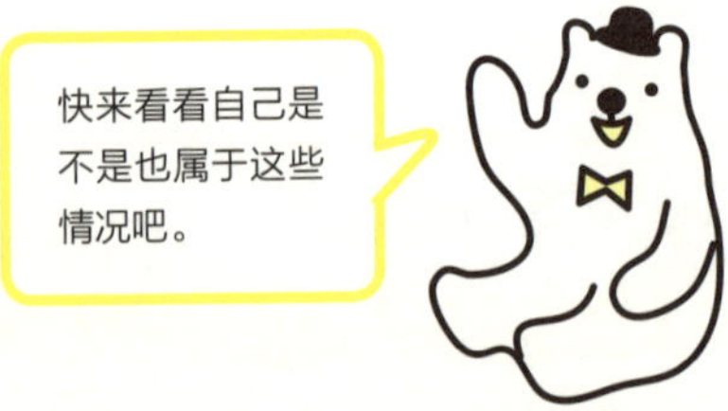

五种认知扭曲

下定论

有些事只是有这种可能性，但人会擅自下定论。

"他一定很讨厌我。"

过分夸大

把事情夸大化。

"大家总是否定我的一切。"

心灵过滤

只看到事物的一部分，忽略某些重要的方面。

"（明明有些部分成功了）我完全失败了！"

过度概括

只要有一部分不顺利，就认为其他部分也不会顺利。

"既然这样都不行，那样肯定也不行。"

错误的价值观

自我贬低，认为自己没有价值、活着没有意义等等。

"失业了，我还活着做什么。"

摆脱认知扭曲的三种方法

有三种方法可以帮助大家培养常识，摆脱认知扭曲。

拥有对于自己和他人来讲健全的、具有建设性的、符合实际的想法，就叫拥有常识。

样例示范

我（白熊）的特点：

·“只要肚子饿一点，就感觉受不了。”

·“一看到别人在说悄悄话，就会认为人家在议论自己。”

·“别人看一眼我的肚子，就会感觉他们在说我是‘肥猪’。”

怎样培养常识?

1 要有质疑精神，要问："真的是这样吗？"

善于质疑，善于思考"真的是这样吗"，试着探寻有无证据。

2 要能意识到自己"又想多了"。

陷入认知扭曲的人需要养成自我反省的习惯，注意观察自己是不是"又想多了"。

3 要建设性地思考"怎样才能解决"。

当我们身陷消极想法或被动局面时，应朝着积极解决问题的方面想办法，如"怎样做才能脱身""怎样才能朝着好的方向发展"。

向自己身边情感平衡的人学习也是一个方法哦。

愤怒背后的深层情感：“我究竟为什么生气？”

愤怒是一种难以控制的情绪，但是如果我们明白愤怒是什么，就能客观地审视愤怒了。

单纯的愤怒是不存在的，它一定是某种情感的外在表现形式。

愤怒是有目的的愤怒

· 愤怒从根本上讲源于当事人固有的想法和信念，例如“应该怎样怎样”“必须怎样怎样”等。

· 当出现违背“应该”“必须”的情况时，人就会产生“为什么会发生这种事”的愤怒。

四种最具代表性的愤怒的目的

①**支配他人：**存在于父母与子女、上级和下级、老师和学生等关系中。

②**争夺主导权：**存在于夫妻、同事、朋友之间。

③**捍卫权利：**出现在隐私被曝光、人权受到侵犯等情况中。

④**发挥正义感：**对不守规则者感到愤怒等。上述三种目的杂糅在一起。

一点建议

愤怒对象在大多数情况下都是别人，也有的时候是自己。当愤怒对象是自己时，情感表现为“强烈的自我厌恶”和“自责”。

愤怒是二级情绪

前文讲过，愤怒不能作为一种独立的心情存在，下面我们进一步解释一下。

- **在愤怒的深层潜藏着不安、寂寞、悲伤、担心、失望等情绪。**
- **这类情感被称为一级情绪。**
- **很多时候，当一级情绪没有得到满足，人就会表现出愤怒这种二级情绪来处理问题。**

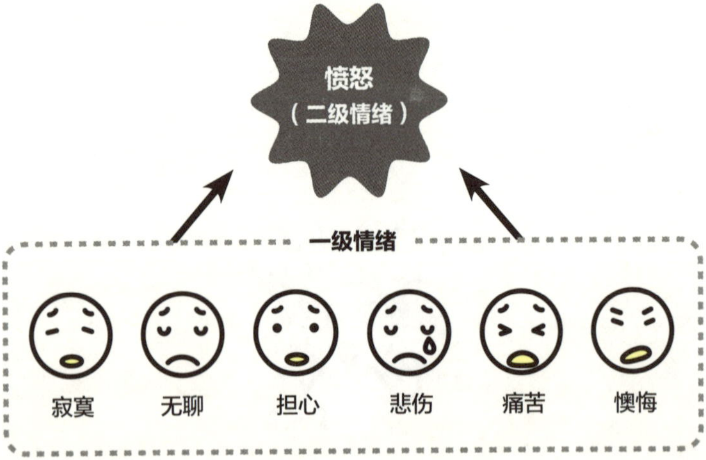

通过愤怒传达深层情感

举个例子。

“你又迟到了，相同的话还要我说几遍？你有完没完呀！”

这种愤怒的背后有哪些深层情感？

· 多次提醒依然迟到的（失望）
· “下属总迟到，自己作为上司可能会被上级领导批评”的（忧虑）
· 对不争气的下属的（担心）

可以看出，在愤怒的深处潜藏着多种一级情绪。让我们试着把说话方式换成对深层情感（一级感绪）的表达。

“我上次跟你说过，让你提前15分钟到岗，可是今天你又迟到了，我真的很失望。其实你也有自己的优点，但是总这么迟到会让别人对你失去信任，我很担心你的前途。”

暴怒只会让对方产生厌烦心理，如果换成表达深层情感，对方则会感觉“他在为我着想，我得好好干”。

再举个例子。

“又不跟家里打一声招呼就跟人去喝酒，深夜才回来。怎么总是这样！”

妻子生气的背后潜藏着哪些深层情绪?

· 给他做好饭，他也不回来吃（难过）
· 独自吃饭（寂寞）
· 丈夫是不是在外面出事了（担心）

换一种表达就是：

“你今天又是凌晨1：00才回家。晚上我自己一个人吃的饭，挺寂寞的。你也没跟家里说一下，害得我担心你，怕你出了什么事。”

这样说出来的话不带刺，反而能说到对方心里去。

人在某种状况下产生愤怒，然后针对特定的对象为了某种意图（目的）而表达出来。尽管内心想实现这个目的，但是如果使用非建设性的方式表达，效果往往不好。

一点建议

愤怒在短时间内可能是有用的，人们会想“好的好的，我道歉行了吧”，但是很多情况下都只在当场有效。

如果你想达成自己的目的，如果你想让对方把自己的话听进心里去，那么比起愤怒，向对方传达一级情绪是更有效且具有建设性的做法。

遇到困难时，比起自责，更应该自我激励
——目的论

当人遇到困难时，往往习惯于去找问题的原因，但是这种做法并无助于解决问题。这时候不妨试试循着阿德勒心理学的思路，以主张“人类的行为必然伴随着目的”、面向未来的目的论为基础来处理问题。

原因论

“那个人导致了如今的局面”
→归罪于他人

“失败的原因是在某个时候做了某件事”
→自我否定

“如果当时那样做就好了”
→心中涌起懊悔之情

目的论

“做这件事的目的是什么？”
→不怪罪别人，着眼于自身进行思考

“怎样才能接近目标？”
→做法自然就清晰了

“为此应该怎么做？”
→信任伙伴，一起朝目标努力

“原因论”与“目的论”的区别

原因论 （原因—结果路径）	目的论 （目的—手段路径）
过去的原因对现在产生支配性的影响 （着眼于过去）	**未来的目标为当下引导了方向** （着眼于未来）
与意志无关 个体很少或者根本没有主体性	**与意志有关** 个体具有主体性
认为人是环境的受害者、牺牲品	**认为人是具有创造性的**
挫伤人的勇气	赋予人勇气

当我们养成着眼于目标的习惯后，光明的未来就会展现在面前。

我们也不会再责怪别人。

消极情绪是这样转化为积极情绪的

例1 竞争对手成功通过了高难度考试，自己心有不甘，很嫉妒。

尝试向对方道贺："恭喜你！"然后犒劳能够克服嫉妒心、向对方道贺的自己。

例2 感觉对方对自己不满。

对方对自己抱有期待，不满是因为对自己的信任受到打击。这样想的话，就会留意自己以后的行为，争取得到别人的信任。

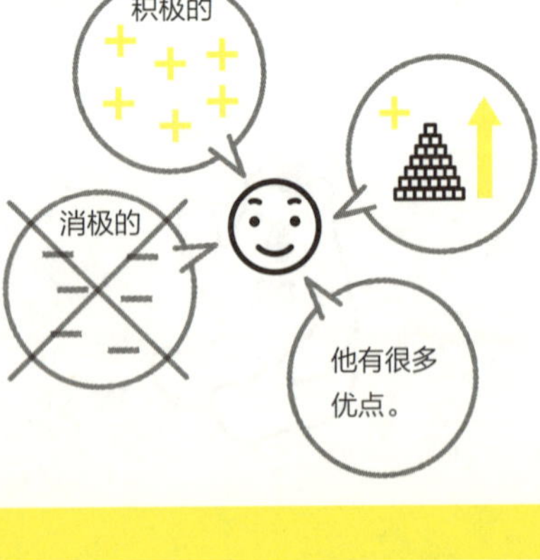

例3 与父母长期不和，记恨父母否定自己。

要相信“原谅”的时刻越来越近了。就算不能原谅对方，也要先对自己说“可以放下记恨，结束痛苦的心情了”。

例4 迟迟找不到出路，为未来担忧，晚上都睡不好。

要自信，相信“能靠自己的能力开拓未来”，乐观地、肯定地看待充满不确定性的未来。

写给自己的话

1. 顺利的时候、不顺利的时候，成功的时候、失败的时候……平时就把在这些情况下要对自己说的话写下来，并按照积极、消极进行分类。
2. 尝试用积极的话替换消极的话。

积极的话	消极的话

写给自己的话（示例）

消极的话（例子）	没有比这更糟糕的了 我做不到 到处都是讨厌的人 我是没有价值的人 人生太无聊了 为什么我点火就着，总跟别人吵架 这样的我赶快消失吧 又把事情搞砸了 反正不会成功 我的身体真难看 别人投来了异样的目光 没人喜欢我 下一次注定还是会失败的
积极的话（例子）	果然很顺利 人生总会有办法的 无所谓的，不要在意 慢慢来 就算进展不顺利也没关系 我做得很棒 我的运气真好 一定能过这一关的 别人很照顾我 最近身材变好了 这个发型真适合我 太棒了！成功！ 今天又是美好的一天

顺境不惰，逆境不馁

——接纳内心的阴影与阳光

人生在世，有时内心处于好的“阳光状态”，有时内心处于不好的“阴影状态”。在不同的内心状态下，我们应该保持什么样的心情呢？

内心阳光状态

· 积极主动地自发行动。

· 想象现在是阳光灿烂的好天气，自己正在积极发起挑战，就像正在向山顶攀登。

· 暗示自己正在成为自己想成为的人，自信满满地投入行动。

· 积极行动，去争取人脉或者其他自己想得到的东西。

“阳光状态时的心境”与“阴影状态时的心境”

阳光状态时的心境	阴影状态时的心境
顺境、顺利、行动	逆境、不顺、停滞
①行动 ②想象成上山 ③“仿佛”（As if）的积极心理暗示（仿佛自己……） ④感觉拥有（Having）的幸福	①积蓄（充电） ②想象成下山 ③“即便”（Even if）的心理暗示（即便……也没关系） ④感觉行动（Doing）的幸福

内心阴影状态

- 不给自己强加负担，把这段时间看作充电期。
- 想象现在是阴雨天，安全下山是第一要务。
- 跟平时一样过日子。
- 试着对别人友善一点。

专栏

怎样熬过人生中的艰难时刻？

你只需要原封不动地接纳悲惨的自己。

你是否有过这种情况：跟别人对比后，发现自己“如此可怜/可悲/悲惨”？

当人拿自己与自己所处的集体或组织作对比时，会觉得自己很渺小，此时往往会感到很悲伤。

这种时候我们应该怎么做呢？

首先，就算感觉自己很惨，也不用刻意勉强自己做什么，只需观察自己真实的状态和想法。

因为悲伤的情感深处潜藏着自尊心。

如果隐藏在悲伤背后的自尊、懊悔等情感一直存在于心里，则有助于持续激发人的斗志。而这些情感将成为你提升自我的原动力。

同理，自卑感也是这样的。只有一个人想要更好地活着，才会出现这种情感。

什么时候都能重新站起来？

人生有时候会很悲惨，但这就是人生。

只要我们不拖别人的后腿，不持续不断地责怪自己，不给别人造成负担，无论任何时候，我们都能靠自己的双腿站起来，并阔步向前。

人生课题：人生中面临的挑战

在阿德勒心理学中，有一个词经常与生活形态一起出现，它就是“人生课题”（life task）。所谓人生课题，指人在一生中应面对的各种挑战。

例如：

· 工作上，必须处理好上下级的关系，并做出成绩。
· 人际关系上，需要跟邻居和身边的其他人和睦共处。
· 家庭中，要维持良好的夫妻关系，安排好陪伴孩子的时间。

在我们生活的方方面面都存在此类挑战，要求我们有所作为。这些就是人生课题。

工作

投身于伴随着职责、义务、责任的生产活动之中。

友谊

与身边的人相处。

爱

包含夫妻关系、亲子关系在内的家庭关系。

阿德勒心理学在这方面还引入了“自我”（self）和“精神”（spiritual）的概念。（详见本书第71页。）

丰富三大人生课题
——给人生满意度打分

本章上一节中提到，人生课题主要包括工作、友谊与爱，接下来我们详细地讲解这三大人生课题。

工作课题

工作课题＝我们的全部生产活动。

· 任何生产活动都能归为工作课题。

· 不仅限于职场，任何我们参与其中的生产性活动都属于工作课题。

企业员工的工作课题是工作，学生的工作课题是学习，家庭主妇的工作课题是家务和育儿。

社会生活中的义务、责任等也是工作课题。

· 与社会生活相伴的义务、责任等也属于工作课题的范畴。

诸如遵守法律、参加选举等政治行为，以及与各种各样的社会习俗相关的行为都属于工作课题。

与自然的关系也属于工作课题。

· 净化环境、爱护动植物等人类处理自身与自然环境之间关系的行为也是工作课题。

● 玩也是工作课题。

- 玩也被归类于工作课题之中。
- 玩是一项非常重要的行为，不仅对于儿童来说是这样，对于成年人来说也是一样的。
- 只有玩好了，其他行为才能顺利开展。

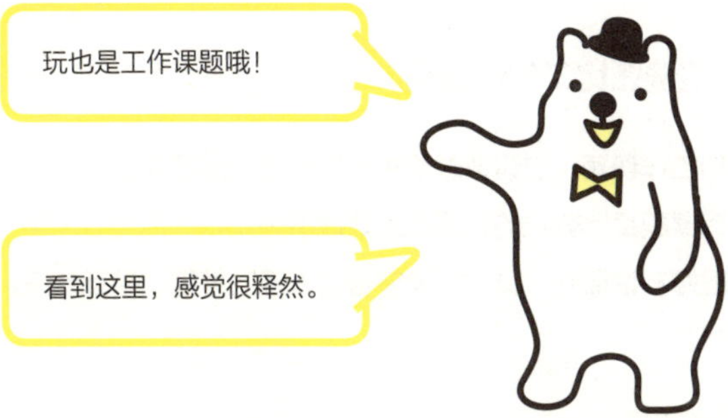

工作课题是简单课题

- 与其他人生课题相比，工作课题中人与人之间的距离更远，因此工作课题解决起来更容易。
- 处理不好工作课题，很可能是因为存在某些深刻的问题。
- 处理不好工作课题，就很难处理好其他课题。

友谊课题

友谊课题＝与他人相处。

· 友谊课题指如何与别人相处。

· 涉及职场上如何与领导、同事、下属打交道，生活中如何与朋友、邻居相处的活动，都属于友谊课题。

友谊课题比工作课题难。

· 比起工作课题，友谊课题要求人更多地关注他人。

· 友谊课题是比较难的，很多人处理不好。

· 处理好友谊课题，具体指能够与别人相互尊重、相互信任、相互合作。

一点建议

不在一起工作，只是在一起吃喝玩乐，称不上是真正的人际交流。这种关系常见于不良少年群体之中，它不是人与人之间的真正接触，身处其中的人一旦认为对方没有价值，就会离开。请大家一定要构建深度友谊关系。

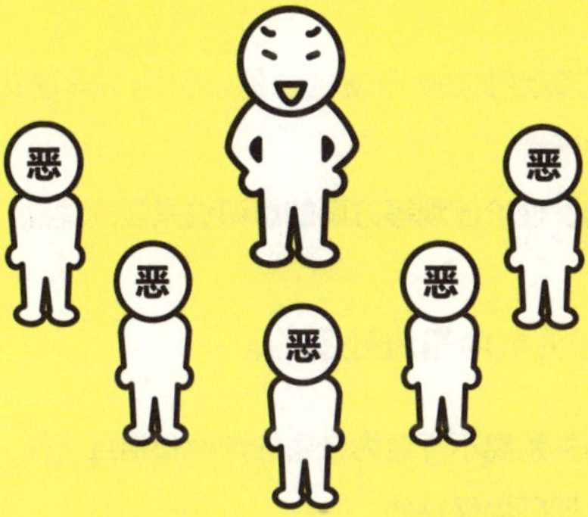

爱的课题

爱的课题＝两性关系、家庭关系。

· 爱的课题由两性关系和家庭关系两部分组成。

· 我们应该把二者看作彼此有机联系的整体，而不是彼此孤立的个体。

与性相关的事情属于爱的课题范畴。

· 所有与性相关的事都能归类于爱的课题，包括与异性交往、选择配偶、婚姻生活、性生活等。

· 人关于性的作用、性价值观等方面的意识也是爱的课题。

性关系是人际关系中最难处理的。

· 与性相关的人际关系离不开更为亲密的沟通和相互合作。

· 爱的课题是人生课题中最难的。

· 爱的课题绕不过性关系这类极近的人与人之间的距离。

当代的爱的课题更趋复杂化

- 当代的爱的课题，受价值观变化影响，更趋复杂化。
- 如今对“男女平等”的呼声越来越高，男女关系正在发生改变。
- “性解放”使人们片面注重性快乐的一面，而忽视了它也是人际关系的事实。
- 展示自身力量，利用“性”支配对方的现象依然存在。

人生课题圆周图：给自己的人生课题打分

请给下面几项人生课题打分，圆心为0分，圆周上的点为10分，并把代表分数的点用线连接起来。

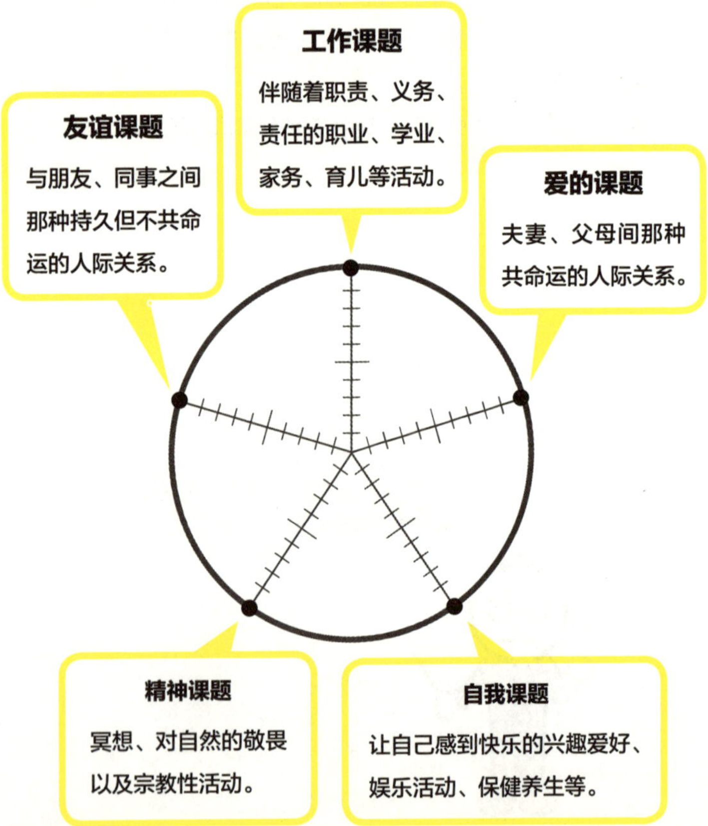

自我课题

· 也被称为娱乐课题。

· 与自己相处=自我课题。

· 是一种与生产、竞争等因素无关的课题（=娱乐课题）。

包括休闲、健康、爱好、娱乐等。

精神课题

· 与超越（人类）自身的更高存在相处。

· 通过与大自然、宗教、宇宙交流，思考人生的意义。

冥想、祈祷、宗教仪式、对自然的敬畏之情都属于此范畴。

你的人生课题圆周图画得怎么样？

人一旦养成思考“我现在需要做什么”的习惯，人生满意度就会提升，请大家一定留心这一点。

本章重点

本章将介绍人际关系的构建方法。

具体包括人际关系的机制、改进方法等。例如，帮你了解自己的人际关系现状的测试表，构建良好人际关系的六要素，怎样变得善于沟通，赞美行为的弊端，发生人际纠纷时如何妥善处理，等等。

什么情况下本章内容对你有用？

- ☐ 想了解自己的真实现状
- ☐ 因处理不好人际关系而烦恼
- ☐ 想提高沟通能力

第3章

阿德勒心理学之人际关系篇

——成为受欢迎的人

测一测你与别人相处得怎么样
——当前人际关系测试表

目前，你与别人相处得怎么样？你的人际关系是好还是差？先检测一下吧。

下表中的各个子项分别对应“符合”“比较符合”“不符合”三项，请结合自身情况进行选择。“符合”“比较符合”“不符合”分别对应2分、1分、0分。最后计算自己的总得分。

		符合	比较符合	不符合
1	极度厌恶冲突和风波，寻求和平和宁静。			
2	当别人批评或否定自己时，自己也会批评和否定自己。			
3	做什么事时都想着“希望别人喜欢我”“别让人家讨厌我”。			
4	经常看别人的脸色，对别人的情绪反应敏感。			
5	一想到对方不满意自己，就很自责，如果对方表现得过于强烈，则会反击。			
6	不懂拒绝，即使是不喜欢的工作安排也会接受，然后又感到后悔。			

续表

7	让做什么就做什么，太好说话，以至于别人认为“本就该你做”。			
8	认为别人的夸奖和称赞是最好的回报。			
9	原本不是自己的责任，却认为自己应该对此负责。			
10	擅长取悦别人，有时被称为“八面玲珑”。			
	小计			
	合计			分

总分在14分以上

你太想讨好对方，太希望别人能喜欢你，以至于牺牲了自我。你是不是有时会感觉太勉强自己了，内心非常痛苦？别人是别人，自己是自己。如果你想构建良好的、健康的人际关系，请一定先学会遵从自己的内心。

总分为8~13分

你略微有点讨好别人，牺牲自我，看别人脸色行事的倾向。你很难对别人说“不”。请一定要对自己有信心。让人能够坦率地表达自己意见的关系才是真正良好的人际关系。

总分在7分以下

你不会掉入自我牺牲的陷阱，你的人际关系很健康，请继续保持这种状态，拓展更丰富多彩的人际关系。

人际关系由浅入深的三个阶段

人际关系由浅入深，共分为三个阶段。原本互不相识的两个人，产生某种瓜葛后心理上的距离拉近了一些，关系也变近了。人际关系按照“瓜葛”“联系”“联结”的顺序程度不断加深，心理上的距离相应逐渐缩短。

1 “瓜葛”级＝工作关系

· 程度类似于服务员与顾客之间的关系。
· 会适当地进行对话，是功能性关系的一种，当某种功能实现后，这种关系也就相应地消失了。
· 伴有义务感的交流模式。
· 工作中遇到的人，刚开始时属于有“瓜葛”的熟人行列。

2 “联系”级＝友谊关系

· 伴随关系不断加深，人际关系进入第二阶段的“联系”级，这是一种友谊关系。
· 当你和同事下班后一起去酒馆喝一杯，或带家庭成员一起参加聚会时，你们的关系就进入了“联系”级。
· 会讲真心话，情感上的互动也比较频繁。
· 有时还会吵架。
· 彼此之间的交流已经超越功能、义务的范畴，更加深入。

3 “联结”级 = 爱的关系

· 是人际关系三阶段中关系最深、心理距离最短、接触频率最高、影响最大的阶段。

· 是命运与共的人。

· 如果那个人不在了，自己的人生也会变得黯淡 = 知己。

· 恋人和伴侣也是经由“瓜葛”（熟人）→“联系”（朋友）→“联结”的路径发展而来的。

· 当两个人相识相知并结婚生子后，他们之间的关系就达到了“联结”级，这也是一种命运共同体式的关系。（因为此时，双方已经构建起了一种为了孩子而不再互相算计的关系。）

人际关系的程度

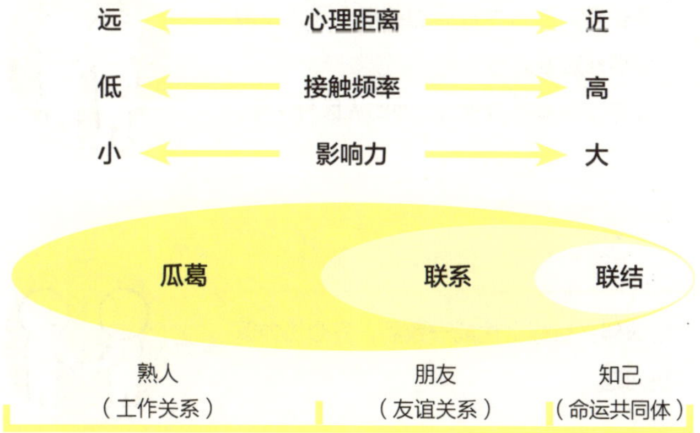

掌握六要素，构建良好的人际关系

有六种要素对于构建良好的人际关系至关重要，有了它们，你会惊奇地发现，没有自己搞不定的人。让我们来认识一下。

尊重

人们有不同的年龄、职业、社会角色、兴趣等，但在尊严方面的需求是无差别的。要充分认识这一点，并在行动中礼貌待人。

信任

· 要多看对方行为背后的善意，要无条件地信任对方。

· 要将行为本身和做出行为的人区分来看。

合作

与伙伴在目标上达成一致后，齐心协力解决问题。

共情

关注对方的处境、想法、意图、情感等。

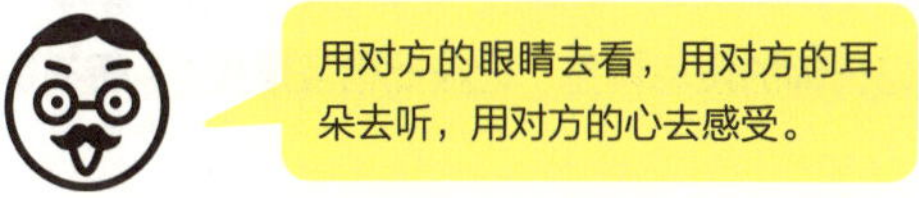

平等

接纳人与人的不同，承认大家都是平等的人，允许别人拥有最大限度的自由。

宽容

· 明白自己的价值观并非百分之百正确这一事实。

· 不将自己的价值观强加于人。

· 建议只是建议，不把别人的建议视作对自己的批评或不满。

良好沟通的第一步：学会观察

沟通一词的英文是communication，这个词由com和unification两部分构成，前缀com的意思是“相互的”，unification的意思是“连接”。换句话讲，沟通一词的意思就是“让彼此相互连接”，而不是各说各话。

擅长沟通的人具有两个特点，一个是“善于观察”，另一个是“善于倾听”。

观察的两个要点

1 语言因素。语言本身、说话方式、音量大小、声音高低、语速等。

仔细留心对方说话时是精神饱满，还是垂头丧气。

2 非语言因素。表情、眼神、动作、姿态、呼吸频率等。

注意对方抱着手臂、身体前倾等动作。

怎样敏锐地捕捉对方的变化？

观察时，捕捉对方的变化这一点也非常重要，我们可以从语言因素和非语言因素两方面去解读。

1 语言因素

明明刚才还在大声说话，突然音量就降下来了。

这种情况可以理解为不希望别人听到或者对自己所说的话没信心。

一直在慢慢地说话，突然从某一刻起提高了语速。

这种情况可以理解为他在撒谎、他很焦虑。

2 非语言因素

刚开始时两手是握在一起的，后来手势和身体动作变多。

这种情况一般是他很紧张或他的情绪变得积极的信号。

原本身体前倾，与人互动，后来瘫坐在椅子里。

这种情况可以理解为他开始感到无聊了。

良好沟通的进阶指南：学会倾听

擅长沟通者的另一个特点是“善于倾听”。
关于倾听，有下面三种方式。
要想取得对方信任，倾听的态度非常重要。

三种不同的“听”

听		
被动地听	· 精神不集中，无意识地、消极地、被动地听 · 没有重点、不加区分地听进入耳朵的信息（能听到的信息）	
主动地听	· 精神集中，有意识地、积极地、主动地听 · 非常小心地听，以免听漏任何信息 · 对于对方感兴趣的东西自己也很感兴趣 · 有问有答，与对方保持一种良好的互动	
带着问题听	· 只听自己感兴趣的部分 · 会发问 · 向对方提问自己关心的话题	

成为“倾听达人”的八个要点

1 比对方郑重一点点

说话太郑重容易让人紧张，说话太随意又让人觉得狂妄。

2 比对方略微亲近一点点

太拘谨抑或过度的自来熟都会令人产生距离感。

3 跟不同的人保持不同的距离感

关系亲密就近一些，关系生疏就远一些，跟不同的人保持不同的距离感。

4 用表情回应对方的话题

如果对方说高兴的事，你的表情也要高兴；如果对方说伤心的事，你的表情也要难过。

5 把视线放在对方喉咙到胸口之间的位置

盯着对方的眼睛，会让对方紧张。眼神游离又会给人不够沉着的感觉。

6 不在中途打断别人，适当地回应

听别人说话时，要适当地回应对方，比如“原来如此”“这样啊”“然后呢”等。

7 擅长用提问来引导对方

例如“那是什么时候的事”“什么让你印象最深”“后来怎么样了”等。

8 跟对方确认讲话的要点

“是……吗？”（鹦鹉学舌式）

“这话的意思是……吗？”（明确含义）

良好的信任关系离不开“共情态度”

所谓“共情态度”，指的是对于对方感兴趣的事物表现出自己也感兴趣的态度。沟通高手都具备共情态度，能够以对方为中心进行沟通。

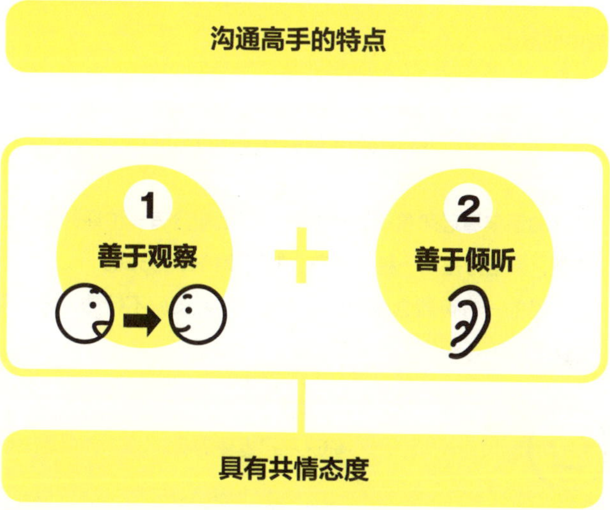

如果你想提高自己的沟通能力，就从上图中的善于观察、善于倾听、具有共情态度这三方面下功夫吧。

不恰当的称赞会起反作用

你有没有遇到过这种情况?

“干得漂亮！”“你真棒！”……自己明明在夸奖对方，对方却不高兴了。为什么会这样呢？我们了解了称赞和赋予勇气的区别后，自然就会明白其中的原因。

称赞的话具有这些特点

· 称赞的话乍看起来是一种夸奖，实际上却含有一种评判别人的态度，说话方是用一种高高在上的视角和表达方式。

· 被称赞的一方可能会逐渐变成没有得到赞美就不行动，没有得到奖励就不行动的人。

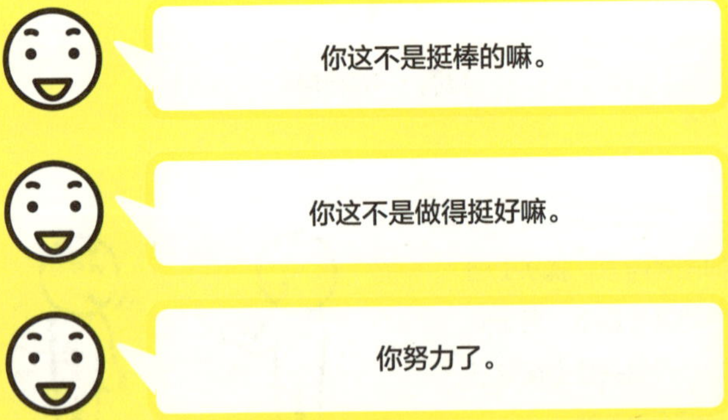

赋予勇气的话具有这些特点

· 赋予人克服困难的动力
· 建立在尊重、信任、共情的基础之上
· 对方会自发行动

你能实现自己的愿望，我真替你高兴！

这是你努力的结果，是对你努力的回报！

你这次帮了我的大忙！

一点建议

赞美人的话有时会给对方施加压力，赋予人勇气的话则不然，它会**让意气风发的（积极的）人更加积极向上，让垂头丧气的（消沉的）人拥有奋发向上的活力。**

“称赞”与“赋予勇气”的区别

	 称赞	 赋予勇气
情况	仅限对方达成了自己期待的事时（有条件的）	既包括对方成功的时候，也包括对方失败的时候（无条件的）
关心	给予方的关心	被给予方的关心
态度	一种上级对下级的奖励态度	与对方共情的态度
对象	做出行为的人	行为本身
效果	助长对方与别人竞争的意识，使其变得很在意别人的评价	引导对方专注于自身的成长和进步，培养自立精神和责任感
印象	不走心，对方可能听不进去	发自内心，对方能听进心里去
持续性	仅限激发此时此地的满足感，很难为未来提供动力	能为未来提供动力，持续性强

专栏

“关注即强化”

人有一个特点，不管是好的部分还是不好的部分，一旦受到关注，这部分就会被强化。例如你否定一个人，你越否定他什么，他就越会做什么，被否定的部分会越来越显著；相反，当你看到并肯定一个人好的部分时，好的这部分也会越来越明显。

不管是面对职场中的下属，还是家庭中的伴侣、子女，多看对方好的地方，赋予对方认同和勇气，才是我们应该做的。

不恰当的行为	恰当的行为
不恰当的行为	**如果关注**，不恰当的行为会增加。 **如果不关注**，恰当的行为会减少。
恰当的行为	**如果关注**，恰当的行为会增加。 **如果不关注**，不恰当的行为会减少。

不管是面对职场中的下属，还是家庭中的伴侣和子女，都要关注对方好的地方。要养成这种习惯。

专栏

不需要同情，只需要共情

●要共情，不要同情。

你有没有过这种经历：当你听别人说了某件事情后，会感觉“太可怜了”“好惨啊”？听完别人的话，有时我们会心生同情，有时会与对方共情。

那么，“同情”与“共情”有什么区别?

阿德勒心理学明确区分了共情和同情对人际关系的影响，鼓励共情，不鼓励同情，因为同情有时候会带来不好的结果。

首先，**共情是一种与对方平等的关系，是一种尊重、信任的情感。与之相对，同情是一种强对弱的支配性关系，是强势的一方为弱势的一方做某些事情**。其次，**人在同情他人时，会按照自己的兴趣、自己所关心的去行动**。再次，在情感上，共情能够自我克制，而**同情容易让人情感失控，被怜悯之情支配。**

“共情”与“同情”

	共情	同情
关系	相互的，彼此信任的关系	支配—依赖关系
关心	对方	自己
情感	源自信任，关系可控	源自怜悯，关系容易失控

同情是简单的，共情有时则需要高度的忍耐力和宽容心。同情和共情是不一样的，如果你想拥有良好的人际关系，如果你想摆脱人际关系的烦恼，请以共情之心与人相处。

处理人际纠纷的四种方法

人生在世，谁都会遇到人际关系问题。不管是谁，喜欢的人、无感的人、讨厌的人总会以2：6：2或者2：7：1的比例分布，世界上不存在被所有人喜欢的人，也没有喜欢所有人的人。世界上总会有你讨厌的人和给你带来麻烦的人，这类人约占10%~20%。

当人际关系给你带来痛苦时，有下面四种方法可以使用。

1. 区分问题性质，是原则性的（本质性的），还是非原则性的（细枝末节的）。
2. 区分事实和看法。
3. 鼓励自己“这不会是最糟糕的情况”。
4. 控制愤怒的情感。

接下来，我们按照顺序仔细讲解一下上面这四种方法。

1 区分问题性质，是原则性的（本质性的），还是非原则性的（细枝末节的）

- 原则性问题＝对于生存而言是本质性的、不可或缺的问题（给生命、财产、身体带来实质性伤害的因素）。

例如，遭遇性命攸关的事故、身患大病等。

- 非原则性的问题＝对于人生而言无足轻重的、无关紧要的问题。

· 对于生命、财产、身体没有影响的事，放任不管也不会有什么问题的事。

· 别人的批评、丢面子等都属于这一类。

有些人被别人批评后会做出过激反应，从而导致问题升级，一发不可收拾。对待那些非原则性的事，按照无关紧要的程度处理就行了，没必要把它们当成原则性问题处理。

我们应该把时间和精力集中利用在处理那些原则性问题上。

2　区分事实和看法

你能区分哪些是事实，哪些是看法吗？先来测试一下，看看下面这些哪些是事实，哪些是看法。

“你太差劲了！我一直在等你，你却跟同事喝酒去了。反正对你来说工作比我重要！我对你太失望了！”

· 这段话里的客观事实只包括“我一直在等你”“你喝酒去了”。
·“对你来说工作比我重要”是主观判断，不是客观事实。
·“你太差劲了！”“我对你太失望了！”也是主观感受。

我们处理不好人际关系，是因为我们太看重别人的主观看法，为此烦恼，受此影响。我们应该冷静地对待别人的看法，只听取并处理其中属于客观事实的部分。

3 鼓励自己“这不会是最糟糕的情况”

当我们遇到人际关系问题时，容易过度地纠缠于其中，甚至晚上睡不好觉。

当我们深受人际关系困扰时，往往容易产生各种不好的妄想，例如：

这样发展下去，会一发不可收拾的。

真是糟糕透顶，倒霉到家了！

但是，这些都只是妄想而已。

即便真发生了类似的事，也不会是最糟糕的情况。**就算事态再怎么严重，至少也不会因此丧命。**

已经发生的事不是靠你的想法就能控制的，还是把它交给现实吧。遇到困难时要这样劝导自己：

这不会是最糟糕的情况。

反正又不会死。

4　控制愤怒的情感

如何控制愤怒的情感?

→不被对方的愤怒牵着鼻子走，冷静处理。

当别人对你发火时，你是不是也以愤怒迎战？这种时候不妨这样想：

用愤怒攻击别人的人其实是在害怕某种东西，他是胆小鬼，愤怒只是其恐惧的表现手段而已。因此，如果你也对他发怒，对方会更加恐惧，然后攻击你。

这种时候你应该这样做：

从心理上和物理上与之保持距离，冷静地处置。

当你很生气时……

→思考自己“真正想做什么”，弄清自己的真实目的。

人在生气的时候，往往不加区分地把情绪发泄在别人身上，而不理智的结果就是引发争执。

如果你的最终目的是解决问题，那么跟对方发火然后引发双方争吵并不是良策。当你生气时，你要弄清楚自己“真正想做什么”。

态度上做到：我很生气，
但是不跟人争吵。

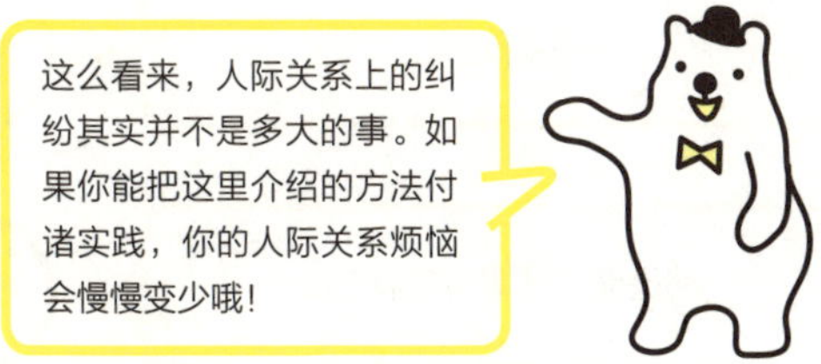

不打扰他人，也不被他人打扰

——斩断一切人际烦恼的黄金法则：课题分离

你有过类似的经历吗？

人家明明没请你帮忙，你却因为“我必须做点什么”“那个人不行，我得帮他解决”等干涉别人的事。或者，明明是自己的问题，却赖别人，总想着“他做了那件事，才害得我如今这么倒霉”。

阿德勒心理学在论述人际关系时有一个特别重要的观点，即“课题分离”。所谓“课题分离”，指人在处理与别人的关系时，应该明确哪些是对方的课题，哪些是自己的课题，自己不干涉别人的课题，也不让别人干涉自己的课题。当我们跨越了这条界线，很容易引发人际关系纠纷。

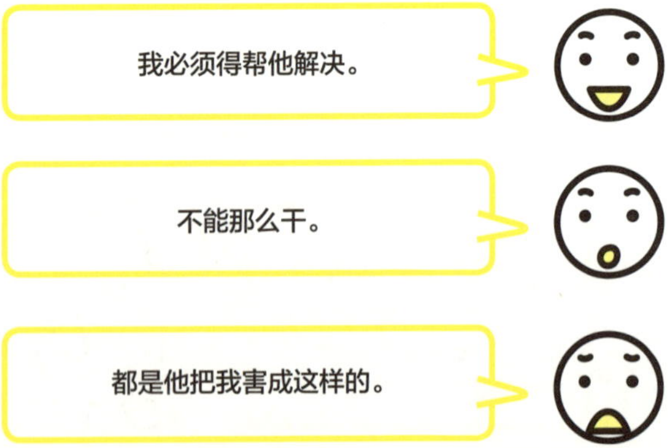

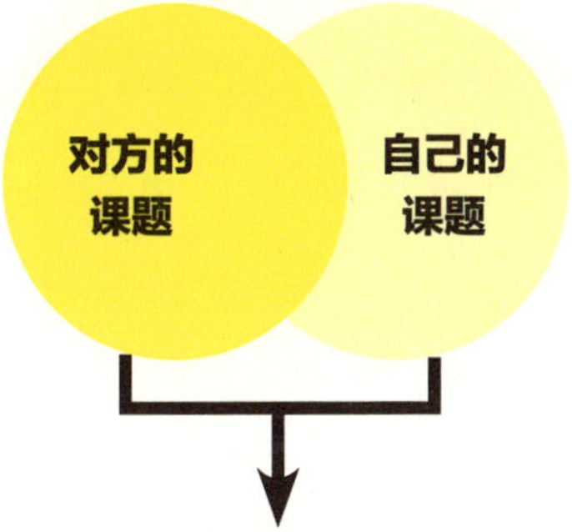

共同的课题

· 对方找你商量他的课题，或请你帮他解决。

· 你和对方有关，应该负相应的责任。

※切记把握好度，不要过度干涉！应该明确一条界线（界线的一边是能做，另一边是不能做）。

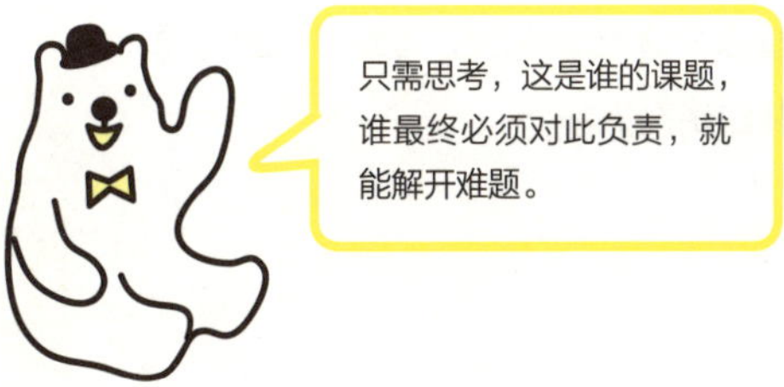

本章重点

本章介绍怎样在职场中如鱼得水。

本章教你运用阿德勒心理学解决职场问题，例如怎样动员别人，如何说服对方，指出别人的问题时有哪些注意事项，在决战胜负的关键时期如何调整心态，等等。本章将结合大家容易犯的那些错误，举例说明。

什么情况下本章内容对你有用？

- ☐ 想提升领导力
- ☐ 不知道怎么恰当地指出下属或同事的问题
- ☐ 想提升职场沟通能力

第 4 章

阿德勒心理学之职场篇

——学会处理复杂的人际关系

学会动员，让别人心甘情愿地工作

做动员分为“外发性动员”和“内发性动员”。从真正意义上来讲，内发性动员更有效果。下面我们具体了解一下。

外发性动员指的是以金钱、晋升等为激励措施的动员。通过这种“胡萝卜加大棒”的赏罚机制，达到控制对方行为的目的。

· 对方感觉“自己被别人控制着”。

· 与周围人的关系是竞争性的、敌对性的，浑身是刺，令人难以亲近。

内发性动员指的是激发对方做自己。这种动员使人感觉是靠自己取得成绩、实现成长的，自己是有能力的，进而从内心深处激发出动力，主动投身于某件事情。

· 与别人的关系是紧密的、合作的。

· 阿德勒心理学所提倡的“赋予勇气”属于这类方法。

两种动员方法的区别

外发性动员 →外界要求的

- 为了回报而行动
- 为了经济上的报酬或奖励而行动

内发性动员 →由内而外的

- 由自己决定
- 有成就感、成长感，感觉自己有能力

合理奖惩，认识赏罚机制的弊端

为激励对方努力，设立赏罚机制。如今这一做法已成为一种社会潮流，不管是在职场，还是在育儿方面都很常见。但是，这么做也存在问题。以育儿为例，会出现下面这些问题。

- 被赏罚的一方会区分哪些是赏罚自己的人，哪些不是。态度上因人而异，并且看人脸色行事。
- 被赏罚的一方受赏罚者控制，缺乏自我一致性。
- 被赏罚的一方只在乎赏罚者的看法，容易产生与伙伴竞争的心理。
- 如果一直是相同的赏罚程度，时间长了其刺激效果会变弱，必须不断升级。
- 被赏罚的一方为获得奖赏或避免惩罚容易做出不恰当的事，此外，监督者的工作量也将增加。

下面将更加详细地讲解。
要把这些知识应用到工作、生活、育儿中哦。

赏的问题

1 接受方对待奖赏者和非奖赏者的态度会有所不同。

2 存在没奖赏就不行动的倾向。

3 奖赏必须不断升级，一发不可收拾。

4 会助长不当行为。

5 会煽动竞争，破坏团结。

罚的问题

1 一旦惩罚者不在，马上会出现不当行为。

2 受罚不能让人学会该做什么。

3 与奖赏相同，惩罚也容易走上必须不断升级的道路。

4 惩罚会挫伤人的勇气，使人变得消极、软弱。

5 惩罚会激发恨意，让关系变差。

有效说服，引导对方与自己达成一致

说服别人时，如果自说自话，一味地讲些自己想说的，会产生反作用。其实，要说服别人，首先要与对方共情。克制自己，把注意力放在对方关心的事情上→认真听取对方的情况→把对方引导到自己想说的话上。

对方说："我想退出这个项目。"

○ 行之有效的讲话方法

"这样啊，你说，我在听。"

试探着询问理由

"发生了什么事吗？""嗯嗯，然后呢？"

推测对方来找自己申请退出项目的目的

· 希望领导倾听自己的声音，重视自己？
· 希望领导挽留自己？

传达自己挽留对方的意愿

"咱们一起面对问题，再努力试试吧。"

× 不能说的话

“啊，你也该替我想想啊。”
（只考虑自己）

“你竟然说这种不负责任的话！
不用你申请我都想把你从项目中撤下来。”
（批评对方）

“突然说这种话，太不敬业了！”
（表达自己的看法）

行之有效的劝说路径

掌握情况
（立足于共同的目标）

共情
（关注对方感兴趣的事物）

说服
（把对方引导到自己的意图上去）

合理提醒，增强彼此间的信任感

无论是孩子、下属，还是朋友，有时他们的某些行为总让你想说两句。这种时候，与其感情用事发脾气，不如“提醒”对方。这种“提醒”行为有三个目的。

1　让对方改掉不好的习惯

有些人不知道怎样做更好，不清楚应该养成哪些好习惯，因此会不断地重复不良行为，或养成一些不好的习惯。这种情况下，提醒不但对他人有益，而且能让当事人意识到那些自己没有察觉到的不良行为，引导他走向更好的地方。

“你这么做会让别人很难办，这会让你的优点大打折扣。”

不管是出于哪种目的，都要建立在相信对方有进步的潜力的基础之上。

2 促使对方成长，更上一层楼

促使对方不断精进，而不是一直维持在原来的水平上。

“你自己都没意识到，你还有更大的潜力和可能性。如果你现在这样就满足，也太可惜了。”

3 让缺乏激情的人充满干劲

人会出于各种各样的原因丧失斗志，“提醒”能让他再次燃起激情。

“谁都会遇到不顺的事。”

“这件事只有你能办到。”

当我们清晰地意识到自己的目的时，就能明白感情用事、大发脾气不但无济于事，反而会起到反作用。如果有人冲我们发脾气，我们的内心会非常不爽，很可能只想反击。

提醒不但具有上述三个作用，还能增强当事人之间的信任感，因为提醒行为本身包含着对对方的期待和自我想法的表达。

1. **提醒是有必要的。**
2. **但是不能感情用事，不然会挫伤别人的勇气。**
3. **提醒别人时要非常清楚自己的目的是什么。**

此外，人最怕被别人无视。当别人提醒自己时，会认为“对方在关注自己”“他信任我，才会严格要求我”。

提醒别人时，请一定让对方感受到：我是因为信任你才跟你说这些的。

提醒的三个目的

1. 让对方改掉不好的习惯。

2. 促使对方成长，更上一层楼。

3. 让缺乏激情的人充满干劲。

传达自己对对方的期待，
以此提升彼此之间的信任感。

注意：提醒的三项原则

提醒别人时应遵守三项基本原则。

1 指责只限于“行为”，而不能否定人格

· 错误的行为可以得到认识和改正。
· 人格不容易轻易改变。

2 与其追问原因，不如弄清楚对方这么做的目的是什么

如果问对方“为什么”“是什么原因”，对方很难回答。如果问目的或意图，例如“你做某件事的意图是什么”，对方则更容易回答一些。这样有助于防止同类事情再度发生。

3 使用第一人称“我”

人在提醒别人时，一不小心就会用第二人称“你”做主语，好像在攻击对方，例如：“你这个人……”

提醒别人时，使用第一人称“我”做主语，对方更容易听进去。

“我”与“你”的区别

『我』做主语

态度是包容的、共情的

“我觉得你应该从这次事情中走出来，下次记住教训就行了。”

说话方式是在表达自己的看法

“我认为下次可以试试其他的方法，不用这次的方法了。”

『你』做主语

态度是审判式、批评式的

“你做出那种事，给大家添了大麻烦。”

说话方式是在支配对方

“你还要犟到什么时候？真是不可救药！”

看准场合与时机，可以事半功倍

在职场上提醒别人时需留心一些要点。提醒的场合非常重要，一定要挑选绝佳时机，一对一地提醒。因为当着大家的面批评对方，会严重伤害对方的自尊。我总结了以下四种需要在公开场合提醒别人的情况。

1　旨在让团队中的所有人总结教训

在团队会议上具体列举失败案例，目的在于把某个人的“失败”变成供大家学习和吸取教训的案例。

这种情况下，为避免唐突或伤害对方的自尊心，应在会前先告知对方自己将要这么做。

如果你想说的话很多，那么千万注意要语言凝练，要讲重点，不要感情用事。

2 被提醒者有韧性，很顽强

当对方属于被激励型，即越接受刺激发展得越好时，适用于此方法。

3 提醒者德高望重，值得信赖

如果提醒者不值得信赖，被提醒者当众被批评后会想：“他是不是故意当着大家的面给我难堪？”

如果提醒者有威望，无论是被提醒者，还是其他人，都会认为“提醒得很及时，一定要改正”。

4 在公开场合提醒完对方后，能够适当跟进

不是提醒完就结束了，还要不失时机地跟进，向对方表达感谢。这点非常重要。

提醒完以后再单独向对方表达感谢，这样效果会更好，比如：“通过你这件事大家学习到了非常宝贵的经验，谢谢你。”

专栏

接纳自己的负面情绪，赋予自己改变的勇气

嫉妒是不甘心、生气的情绪；

羡慕是钦羡、向往的情绪。

你是否嫉妒或羡慕过别人？

不管是嫉妒还是羡慕，指的都是看到别人比自己优秀的地方，否定地看待自己（不能跟别人一样）的情绪。二者的区别在于，**嫉妒包含破坏性、敌视性的倾向，致使“不甘心”“生气”的情绪发展成厌恶和憎恨的情感。与之相对，羡慕的人更能看到对方好的一面，羡慕里包含着“自己也很想变成那样”的愿望。**

要有勇气改变能改变的事。

如果你对别人产生了“好羡慕”“真不甘心”“他明明不如我，却比我过得幸福”等情感，应该怎么办呢？

首先我希望你正视自己的情感，仔细分析，分清哪些事是能改变的，哪些事是不能改变的。比如，年纪、天气、自然灾害等，是我们靠自身力量无法控制的。当然，虽然我们不能阻止自己变老，但是我们可以通过健康的生活方式使自己保持活力。虽然我们无法阻止自然灾害发生，但是我们可以提前做准备，或者在灾后积极应对。

我们不能靠一己之力改变降临到我们身上的事，但是怎么看待它们是由我们自己决定的，我们的心能够决定怎样感受它们。

平静地接纳自己不能改变的事，鼓起勇气改变自己能改变的事。当你感到嫉妒或羡慕时，请一定这样做。

用“乐观”战胜“乐天”

同样是半杯水，有人想到的是“水还有一半呢”，有人想到的是“水只有一半了”，下面我们来讲一讲“乐观”和“悲观”的区别。

有勇气的人、赋予别人勇气的人在与人相处时，思考问题的角度是乐观的、积极的。与之相对，没有勇气的人、挫伤别人勇气的人思考问题的角度是悲观的、消极的。

乐观与悲观存在明显差异，下面列表说明。

悲观主义

· 认为坏事不断发生，不管自己怎么做都不顺利，而这一切都因为自己不好。
· 认为好事都是短暂的，好运只限于此时此刻。

“乐观主义”与“乐天主义”的区别

乐观主义	乐天主义
认为未来既会发生好事，也会发生坏事	认为未来要发生的都是好事
事态并非注定会好转，也有可能会朝坏的方向发展，因此要做好必要的准备	认为一切都会朝着好的方向发展，没什么可担心的
为预防不好的事发生，积极做准备	只有激动和期待的心情
靠意志力行动	凭感觉行动
直面现实的乐观主义者	逃避现实的悲观主义者

本章重点

本章的中心内容讲亲子关系和家庭关系。

我们的生活形态是怎样形成的？手足关系、出生的前后顺序对人的成长和性格的形成会产生哪些影响？好的家庭和坏的家庭差别在哪里……本章将进一步阐释阿德勒心理学的独家观点。

什么情况下本章内容对你有用？

- ☐ 想了解自己的性格特征
- ☐ 想知道家人和周围人的性格特征
- ☐ 想构建更好的亲子关系、家庭关系

第5章

阿德勒心理学之亲子关系、亲密关系篇

——提升与子女、家人相处的能力

生活由什么决定？
——生活形态的三个要素

经常在阿德勒心理学中出现的“生活形态”一词与我们日常生活中所说的生活方式稍微有些不同，那么，究竟有哪些不同呢?

生活形态 = 活法 + 生活方式

阿德勒认为“性格”一词中包含着“不易改变”的含义，因此把比性格的范围更广，包含“对于自身的信念”和“对于周围世界的信念”在内的东西统称为生活形态。

生活形态由三个要素构成

在阿德勒心理学中，“生活形态”由以下三要素构成：

1 自我概念

对于自己赋予的意义。

“我是……”

2 世界观

对于世界现状赋予的意义。

“世界（人生、人类、男性/女性、伙伴等）……”

3 自我理想

对于理想的自己、理想的世界的信念。

“我应该……”
“希望生活对我……”

1 自我概念

假设有这样一个人，他多次参加奥运会，目标是夺得奖牌。尽管别人认为他“做不到”，他却非常坚定地认为“我绝对可以”。

这里的“我绝对可以”就是他的自我概念。

相反，如果一个人的自我概念是“我是个失败的人”，那么不管别人多么认可他的能力，他依然会否定自己，得出“我还差得远呢”这样的结论。

2 世界观

如果一个人的世界观是“别人不可信”，他将不能信赖周围的人。

相反，如果他的世界观是“我周围的人都很友善”，那么他既可以对别人伸出援手，也可以向别人寻求帮助。

3 自我理想

当一个人的自我理想是“我必须比别人强”时，他会觉得周围都是敌人，每天都在跟别人一争高下。相反，如果一个人的自我理想是“不断强化自身优势，在团队中谋求自身发展”，他会不断与别人开展合作，营造出一种和谐的周围环境。

↓

就这样，在本人也没意识到的情况下，内心深处已经形成了某种固定模式。

↓

生活形态在关键时刻会派上用场。
它是你的词典和地图！

生活形态是怎样形成的?

不管是谁，要形成某种生活形态都离不开一些必要因素，下面具体解释一下。

- 阿德勒心理学认为，“所谓生活形态，指的是一种对自己和世界的现状以及理想状态的信念体系”。
- 影响生活形态的因素大致可分为“身体影响”和“环境影响”两大类：“身体影响”诸如遗传、身体缺陷等；“环境影响”诸如家庭、生活地域等。

阿德勒是这样定义生活形态的：“（生活形态是）人关于自身及人生诸问题的意见。或者说，虽然自己也不理解，也不能解释明白，但就是会严格地遵守某些行动法则。”

生活形态是这样形成的

1 影响因素

1. 身体影响

①遗传气质　　②器官缺陷

2. 环境影响

①家庭　　②文化

· 兄弟姐妹
· 出生顺序
· 竞合关系
· 家庭价值观
· 家庭氛围

所处共同体特有的价值观和理所当然的行为模式

2 决定因素

当事人自己决定。

最终还是由自己决定。

身体影响

遗传自父母的气质、身体器官缺陷或内脏问题等都会影响人生。

环境影响——家庭

- 谈及环境对生活形态的影响，第一个影响因素就是家庭环境。
- 家庭环境包括出生顺序（在兄弟姐妹中的排行）、兄弟姐妹之间的关系、父母经常挂在嘴上的价值观（家庭价值观）、家庭氛围等。

环境影响——文化

· 环境的第二个影响因素是当事人所处的共同体特有的价值观和行为模式，比如，地域性、国民性等。

· 正如美国和日本存在明显的文化差异一样，身处不同的地域，价值观和行为模式都会不一样。

· 我们所处的环境对我们的影响相当大。

↓

最终决定一个人生活形态的是他自己！

· 在上述影响的基础上，人们不断试错，然后在无意识中不断重复某种相同的决策模式。

· 8~10岁以前，人们便会形成自己的思考模式、情感模式、行为模式。

手足关系对生活形态的影响

兄弟姐妹的构成和家庭构成对一个人的性格具有非常大的影响，下面详细地讲解一下这是怎么回事。

与生活形态密切相关的家庭构成

· 家庭构成包括父母、亲属、兄弟姐妹等家庭成员，以及兄弟姐妹的数量、彼此之间的年龄差、性别等。

· 阿德勒心理学认为，在一个人生活形态的形成方面，兄弟姐妹关系比父母子女关系的影响力更大。

· 孩子在家庭中学习与周围的世界相处。

· 孩子在家庭中形成对世界的基本感知方法、基本看法。

大人在无意识间引发孩子们彼此之间的竞争

· 父母对孩子的期望容易造成孩子们彼此之间的竞争。

· 虽然父母并非有意而为之，但是从孩子的角度讲，他们会感觉父母在拿自己跟兄弟姐妹做比较，或者感觉父母在鼓励自己与兄弟姐妹竞争，而父母对此全然不觉。这类现象普遍存在。

· 不只是父母，亲戚、朋友、邻居、老师等也经常在无意识的情况下引发孩子们之间的竞争。

兄弟姐妹之间不发展相同的特长

· 兄弟姐妹擅长的领域，自己不会涉足，孩子往往都是这样。

· 因为如果在竞争中失败，孩子会感觉失去了父母对自己的认可。

· 如果是年龄接近的兄弟姐妹，两个人的活动领域往往各不相同。

· 在基本没有竞争的家庭中，孩子们在性格、能力、兴趣等方面基本不存在差异。

父母的态度影响孩子的一生

父母对待孩子的态度、父母与孩子的相处方式非常重要，孩子会根据父母与自己的相处方式决定自身功能，这甚至会影响到孩子今后的活法。具体是怎么回事呢?

孩子通过自主选择自身功能形成自己的生活形态

· 孩子通过发挥自身专长，赢得父母和其他成年人对自己的肯定。

· 在这个过程中，孩子将决定自己在家庭和社会中发挥什么功能。

· 就这样，孩子逐步选择自己的生活形态。

·“确保自己在家庭中的位置”是孩子初期的人生战略。

· 与之相配合的战术就是：孩子选择自己的功能。

父母的期望会带给孩子哪些影响？

· 在孩子自行决定自身功能的过程中，父母对孩子的期望、期许将产生重要影响。

· 很多时候，当父母给孩子贴上“有出息”“给父母丢脸”等标签时，孩子会按照标签行动。

父母应充分认识到哪些事实？

· 有时，孩子收到大人的期望后，会过分地夸大自己的功能。

· 孩子认为“如果自己不按照大人期待的那样做，父母或其他成年人就会抛弃自己”，于是他们会勉强自己做不喜欢的事。

· 孩子经验少、视野窄，喜欢幻想。

· 父母的期望也可能起反作用。

· 有的孩子做“好孩子”做累了，会故意展现自己不好的地方，像“坏孩子”那样行事。

“老大笨，老二精”？

不同排行的孩子，性格有不同的倾向。

能影响孩子性格特征的除实际的出生顺序外，还包括心理上如何理解年龄差、性别差、手足间的相处方式等。不同排行的孩子，大体上呈现出下述特征，下面按照顺序逐一详细介绍。

老大

最先出生的孩子，总想做第一。

老二

后面出生的孩子，会拼命追赶老大。

排行中间的孩子

具有自己开拓人生的倾向。

老幺

天生的婴儿，绝不会失掉王位。

独生子女

永远是巨人世界里的小孩子。

排行及其性格特征列表

下面是详细的性格特征列表，不同列表对应不同排行的孩子。列表内容不可能百分之百地符合每一个人，但是可以为大家认识自身性格和他人性格提供参考。请大家一定试一试。

老大

□总想成为关注的焦点。

□认为自己必须比其他孩子优秀。

□公正，富有支配性。

□自尊心强，遇到比自己优秀的人会产生强烈的嫉妒。

□当家里的第二个孩子出生后，老大容易认为“自己不再被爱了”。

□模仿父母做事，以此吸引父母的关注。

□惧怕失败，失败后容易做出不当行为。

□积极提升自身能力，做事有责任感。

□帮助、保护自己的弟弟妹妹。

□讨好别人，努力不辜负别人的期待。

老二

☐不怎么受父母关注。

☐总有兄弟姐妹比自己强。

☐想追赶、超越老大。

☐如果老大是“好孩子”，老二往往是“坏孩子”，反之亦然。

☐努力掌握老大没有的特长。

☐如果老大很成功，老二往往容易对自己缺乏自信。

☐当家里的第三个孩子出生后，老二会产生压力。

☐爱给兄弟姐妹们搞破坏。

排行中间的孩子

☐身上没有其他兄弟姐妹所具有的优点。

☐大多感觉“自己受到不公平对待”。

☐倾向于认为“自己没有被爱”。

☐被夹在兄弟姐妹中间，没什么作为。

☐感觉自己在家中的位置不甚明确。

☐或者勇气被挫伤，变成“问题儿童”；或者抬高自己，贬低其他兄弟姐妹。

☐被夹在老大和老幺之间，适应能力强。

老幺

□像独生子女那样行动，感觉谁都比自己强大，谁都比自己有能力。

□依赖心很重，把做事、做判断、承担责任的事都推给别人。

□感觉自己最渺小、最无力，不能深刻地理解事物。

□擅长借力，让别人为自己干活，以自己的方式成为家里的“老大”。

□有自卑感，有时会压制比自己年长的哥哥姐姐。

□扮演婴儿的角色，让大家为自己干这干那。

□如果家里有三个孩子，老幺会跟老大结盟，一起对抗老二。

独生子女

□有爱撒娇的倾向。

□爱拿自己跟大人做比较。

□是大家关注的焦点，觉得自己是最特别的。

□以自我为中心，我行我素。

□比起自己努力，更爱依靠别人。

□当自己的做法行不通时，会觉得遭受了不公正对待。

□觉得“我有按照自己的想法做事的权利”。

□不擅长与同龄的孩子相处，擅长与大人相处。

□做自己想做的事，并乐在其中。

□具有创造性。

□有讨好年长者的倾向，但是不擅长对付年轻的人。

□容易分化为老大那样的努力型或老幺那样的依赖型。

排行如何影响孩子的性格特征?

前文列表的测试结果如何?接下来将更加详细地介绍不同排行所对应的性格特征和行为模式。如果你有孩子,请在分析自身特征的同时也用这些知识指导自己更好地与孩子相处。

排行决定生活形态

· 排行某种程度上决定了一个人的生活形态。

· 这个排行指的不是单纯的生物学意义上的出生顺序,而是指心理上的位置,后者很重要。

· 需要强调的是,排行老几并不是就一定具有某种特定的生活形态,而是形成某种特定生活形态的可能性很大。

老大

老二的出生是一个分界点，此时老大的反应决定着他以后的发展。

最初家里只有一个孩子，老大集父母的宠爱和关心于一身。

> 老二出生后，老大会产生“王位已被夺走，父母不再爱自己”的感受。

王位被夺走后，老大会拼命地吸引父母的关注。

> 首先他们会非常努力，如果没能成功地吸引父母关注自己，他们就会丧失勇气，变成问题儿童。

制定高目标。

很多老大会给自己制定非常高的目标，走上追求高目标的人生道路。

> · 容易成为理想主义者、完美主义者。
> · 非常努力。

在意别人怎样看自己。

> 具有追求第一、追求正确、追求完美的倾向。

具有领导力。

从小就有很多领导别人的机会。

> · 有安全感，责任心强，值得信赖。
> · 很多老大的适应能力很强。

老二

老二容易与老大正相反。

如果老大是“好孩子”，老二就容易变成“坏孩子”，反之亦然。

· 老二想发挥不同于老大的特长。
· 一般来讲，老二和老大的性格正相反。

爱争抢，竞争感强。

总在跟别人竞争。

· 很多老二都会告诫自己“你必须更加努力”，就像第二名选手要追赶第一名那样。
· 很多老二对自己的排行不满意。

中间的孩子

●排行中间的孩子很自立。

从没独占过父母的关心。

· 被夹在兄弟姐妹之间，只能自己做决策。
· 很多排行中间的孩子感觉“只能靠自己的力量开拓人生”。

●很现实。

要胜过哥哥姐姐，这一目标明确而具体。

· 容易成为现实主义者。
· 比起虚名，更重实利。

●有攻击性。

对自己的处境感到不安时，容易认为“别人无视我”“没人爱我”。

· 有些排行中间的孩子会感觉自己在遭受不公正对待，必须抗争。
· 遭受不公正对待的感觉持续下去，会发展成攻击性人格和偏激的个性。

●擅长社交。

比起其他排行的孩子，排行中间的孩子更擅长社交。

· 对于别人的不当行为、不公正对待和侮辱非常敏感。
· 如果老大和老幺都很优秀，排行中间的孩子就容易变成问题儿童。

老幺

最小的孩子永远是婴儿。

最后出生的老幺一直是婴儿，不存在从王位上跌落的危险。

- 大多被父母和哥哥姐姐疼爱。
- 因为年纪最小，一般不被郑重对待。
- 老幺与独生子女很像，但是因为哥哥姐姐提供了学习范本，所以老幺比独生子女更擅长处理与别人的关系。

喜欢跟排行更高的孩子联手，而不是跟排行在中间的那个孩子合作。

大多富有创造力，出类拔萃，但是也有可能被埋没。

有的老幺非常成功，有的老幺自卑感很强，缺乏干劲。

独生子女

独生子女易受父母影响。

父母的性格在独生子女身上也能看到。

害怕孤独。

没有竞争对手，一直都是大家关注的焦点，正因为如此，独生子女一旦不被关注，就会受不了。

不擅长处理与别人的关系。

很少有机会学习如何与别人相互尊重、如何很好地表达自己、如何与人沟通合作。

- 与大人相处的时间多，擅长与年长者相处。
- 不擅长跟同龄人相处。

缺乏自信。

周围都是大人，独生子女可能会产生“只靠自己一个人搞不定”的感觉。

容易任性。

如果自己的意愿没能得到满足，容易产生没被公平对待的感受。

- 示弱，让别人替自己做事。
- 父母需要积极地赋予勇气，才能把独生子女培养成富有责任感的人。

其他手足关系

大家庭的情况下

· 在一个大家庭中，孩子之间可能形成多个小团体。

· 当孩子们的年龄差大于5~6岁时，会出现两人以上的小团体，或者大家都变成“独生子女”。

· 孩子在大家庭中能学习相互照顾，争吵也会变少。

· 在大家庭中，当一个孩子的年龄远大于其他孩子时，年长的孩子面对比自己小得多的弟弟妹妹，会扮演像父母一样的角色。

有孩子夭折或流产的情况下

· 夭折的孩子会对一个家庭产生重大影响。

· 活着的孩子很难与已经过世的孩子竞争，因为父母会过度理想化地看待已经夭折的孩子。

· 发生孩子流产或夭折的情况后，父母往往会过度保护活下来的其他孩子。

兄弟姐妹中有人存在缺陷的情况下

· 存在肢体残疾、身体虚弱、智力障碍等情况的孩子往往会被“特殊对待”，这导致他们很容易成为“被偏向的孩子”或“被讨厌的孩子”。

· 如果父母把注意力过多地倾注在有缺陷的孩子身上而忽略其他孩子，可能会引发其他孩子的不满。

· 当父母“特别对待”养子/女，或者二婚里的非亲生子女时，同样会出现上述情况。

· 当父母、祖父母等重要的长辈关注自己时，孩子会感到更安心。

手足性别不同的情况下

· 当家里的孩子都是男孩时，他们会更具有男性气质；当家里的孩子都是女孩时，她们会更具有女性气质。

· 当家里的孩子性别相同时，孩子会不擅长与异性相处。

· 当家中都是男孩，只有一个女孩，或者都是女孩，只有一个男孩时，家中唯一的女孩或男孩容易对自己的地位感到不安。

· 通常唯一的男孩会变成“少爷”；唯一的女孩会备受宠爱，变成“公主”。

· 当家里孩子很多，且男孩女孩都有时，尽管不是老大，长男或长女（同性别孩子中年龄最大的一个）多少也会具有老大的特质；同性别中最小的一个，尽管不是老幺，也会具有老幺的特质。

“好的家庭氛围”与“不好的家庭氛围”

我们应该怎样构建良好的家庭环境？有哪些注意事项？下面举例说明。

好的家庭氛围	不好的家庭氛围

氛围	
开放式的对话 乐观 相互尊重 接纳对方	封闭式的对话 悲观 相互推诿 抗拒对方
解决问题时	
重视做事的态度 关注完成了多少	重视结果 关注是否完成
做决定时	
具有平等的决定权 民主决策 理性对话	支配与服从 独裁者做决定 情感上相互伤害

好的家庭氛围	不好的家庭氛围
家庭关系	
友好互助 相互合作 	相互扯后腿 彼此竞争 
对规范的理解	
创造性的、现实的 重视权利与责任 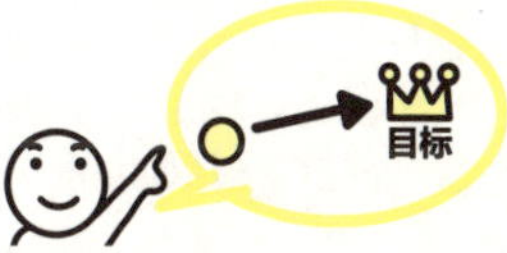	因循保守的 重视旧例 
提供帮助时	
赋予勇气 	过度保护、过度干涉 

不好的家庭氛围及其对孩子的影响

大人过度保护

▼

孩子变成对自身行为不负责任的人。

溺爱、娇惯

▼

孩子变成以自我为中心的、任性的孩子。

否定

▼

孩子认为自己没有价值，缺乏信心。

用父母的权威压制孩子

▼

孩子将形成支配型人格，支配弱者，同时，卑躬屈膝，屈从于强权。

一味地高期待

▼

孩子认为自己很无能。

怜爱孩子

▼

孩子感觉自己很惨，并仗着别人的怜爱，逃避自身义务。

缺乏一贯性

▼

孩子会对别人缺乏信任。

夫妻间关系差

▼

孩子将靠吵架解决问题。

态度绝望

▼

孩子也会绝望。

冷漠刻薄

▼

孩子也会跟着变得刻薄。

否定感受

▼

孩子将隐藏自己的感受。

鼓励竞争

▼

孩子将变成野心家，丧失与人合作的能力。

专栏

亲子关系测试：你和孩子的关系怎么样？

不管是父母还是孩子，大家都是平等的人，不能忘记尊重对方。

至此，我们讲述了如何运用阿德勒心理学处理家庭关系，你掌握了吗？

特别是在亲子关系中，父母很喜欢对孩子进行说教："你要怎样怎样做！"之所以会这样，是因为父母没能处理好与孩子的"课题分离"问题（详见本书第3章，第98~99页）。

孩子的课题是孩子的，父母的课题是父母的。记住这一点，父母就能避免把自己的意志强加于孩子，要尊重孩子，把孩子视作独立的个体。父母能做到这一点，孩子就能成长为一个拥有独立人格的大人。

下面为大家准备了亲子关系测试，快测测你跟孩子的关系怎么样吧。

亲子关系测试

- □父母尊重孩子，孩子尊重父母。
- □父母行为得当，像对待平等的朋友一样对孩子。
- □关注孩子的优点，孩子失败了尽可能不责罚。
- □总是积极发现对方好的地方。
- □接纳孩子“原本的状态”，不把“你应该……”强加于孩子。
- □不把孩子跟自家兄弟姐妹或别人家的孩子做比较。
- □培养孩子的责任感，让孩子自己承担责任。
- □不骂孩子。
- □赋予“坏孩子”勇气。
- □父母与孩子一起培育勇气，接纳自己的不完美。
- □有幽默感。
- □在情感上，努力让自己保持坦诚、率直。
- □用语言和行动传达温暖、体贴和爱。
- □站在对方的角度看问题。

（参考《阿德勒心理学教科书》绘制此表）

本章重点

本章将介绍多种能使人生变得更加丰富的思考方法。

本章将详细介绍阿德勒心理学中非常重要的"赋予勇气"和"共同体感觉"，此外还会用简单、易懂的方式讲明白如何幸福地与自己以及别人相处，其中必须处理好哪些要点，例如，赋予自己和别人勇气时有哪些关键点、怎样面对失败、怎样养成新习惯等。

什么情况下本章内容对你有用？

- ☐ 想学会怎样赋予勇气
- ☐ 想知道如何做到不管遇到什么样的状况都能再次站起来
- ☐ 想思考真正的幸福是什么

第6章

用阿德勒心理学改变人生

——赋予自己勇气，体验共同体感觉

超越自卑的捷径：赋予勇气

学会对自己、对别人赋予勇气是通向更加丰富多彩的生活的捷径，那么我们应该怎样做才能学会赋予勇气呢?

赋予勇气分为三个阶段：

阶段 1 赋予自己勇气

阶段 2 停止挫伤勇气的行为

阶段 3 开始赋予他人勇气

下面我们进一步详细解释赋予勇气的三个阶段。

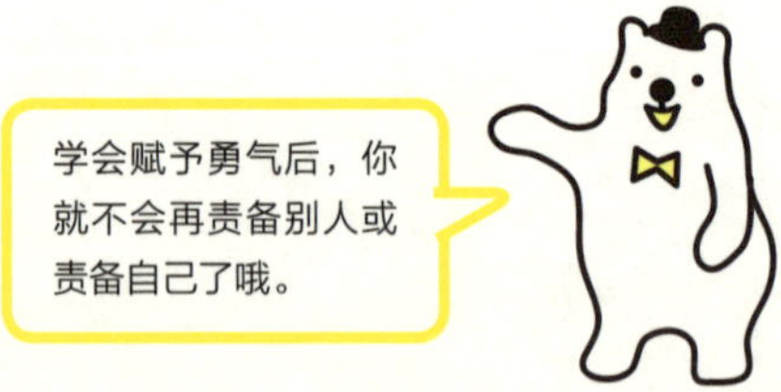

1　赋予自己勇气

要想成为一个能赋予别人勇气的人，必要条件是自己先充满勇气。

①在生活中时刻提醒自己，要赋予自己勇气（践行下文将要讲到的“赋予勇气者的六种品质”）。

②多跟能赋予勇气的人接触。

③提醒自己，语言、形象、行为要积极。

④把赋予勇气的技巧和方法运用到自己身上。

2　停止挫伤勇气的行为

跟下文将要讲到的“挫伤勇气者的六个特征”说再见，朝积极的方向前进。还要注意，别受挫伤勇气者的影响。

3　开始赋予他人勇气

停止挫伤勇气的同时，还可以开始赋予他人勇气，两者同步开展。以共情的态度与对方接触，积极地认可对方，才是正确的做法。

赋予勇气者的六种品质

能赋予勇气的人具有下面六种品质，你有几个？

用“尊重”和“信任”激励人

你身上的这一点特别让我放心。

你的努力有了成果，我也特别开心。

积极地思考

从这次的失败中总结了什么教训，学到了什么？

没关系，这才刚开始！

面向目的（未来）

我要以那个为目标！

我要实现这个！

善于倾听

具有大局观

具有幽默感

挫伤勇气者的六个特征

挫伤勇气的人容易做这些事。你是不是也会忍不住这样做?

用“恐惧”威胁人

消极地思考

寻找借口（过去）

不善于倾听

过度拘泥于细节

刻薄

重视非语言沟通，赋予对方勇气

当我们赋予别人勇气时，彼此真挚的态度和相互间的信任会产生重大影响，此外沟通中的非语言因素也非常重要，接下来我们具体讲解非语言沟通中的关键要素。

表情

1 **如果对方谈论的是令人难过的事，倾听者也应该流露难过的表情。**

2 **如果对方说的是令人开心的事，倾听者也应该报以微笑。**

体态、手势

1 **不用食指指对方。**

→用手指人会给人攻击感。

2 **跟对方讲话时，应该让对方看到自己的双手。**

→把手插进口袋或者背在身后都会给对方压迫感。

视线

1 不高昂着头低眼看人，也不低垂着头抬眼看人。

→前者给人轻蔑的印象，后者给人猜疑的感觉。

2 不直勾勾地盯着对方的眼睛，视线应落在对方的嘴附近，时不时地看一眼对方的眼睛，示意“我在听”。

3 进行目光接触时，视线应迅速地与对方交汇。视线移开时要缓慢。

赋予他人勇气的七种习惯

如果你在日常生活中经常赋予他人勇气，就会惊奇地发现，令人讨厌的人消失了，自己身边都是令人心情愉悦的人。当赋予勇气已经内化为一种习惯时，效果将更加明显。你需要留心下面七种习惯。

加分主义

与对方相处，一直采取肯定的态度，为对方的进步和成长由衷地感到高兴。

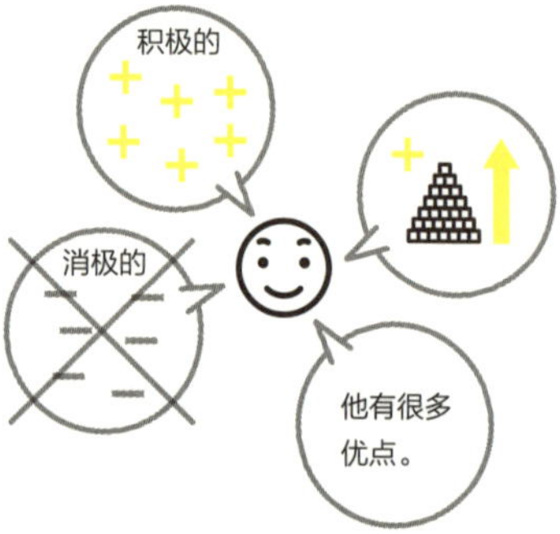

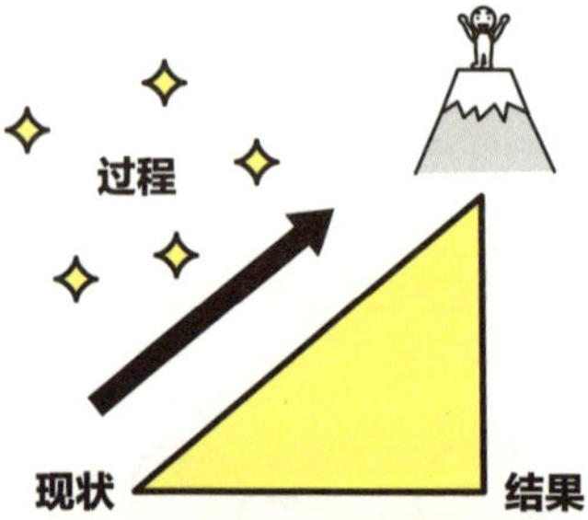

重视过程

不应只看结果，还应该看到对方努力做事的过程，并明确肯定对方的努力过程。

肯定成绩和优点

要看到对方的成绩和优点，认可对方的长处。

重视人格

与人相处，一定要信任对方。即便对方做了某些不妥当的事，也要对事不对人。

通力合作

不应拿对方跟别人比，促使其与别人竞争。应该相互看到彼此的长处，朝共同的目标一起努力。

善于倾听

克制自己强烈的倾诉欲望，听听对方想说什么。

允许失败

把失败看作“挑战”和“学习机会”，允许对方失败。

专栏

如何从情绪低落中走出来？

●情绪低落的时候正是重建连接的好时机。

人活着，难免会遇到低谷。失落的人有下面三个特征：

1. 能量低。

2. 心情郁闷。

3. 处于阴阳中“阴”的状态。

所有人都是有状态周期的。在短短一个月内，好的状态和差的状态会交替出现。有时状态好，有时精神不振。情绪低落时，越是想尽快摆脱这种状态，情况反而越差，自己把自己折磨得很痛苦。这种时候，推荐使用下面三种方法。

1. 肯定现状

承认、接纳当前的真实状态。

2. 回归原点

投入到眼前的工作中，好好对待身边的家人和朋友。

3. 重建连接

再次确认自己与家人、朋友之间的坚实连接。

长期跨度内的阴阳状态

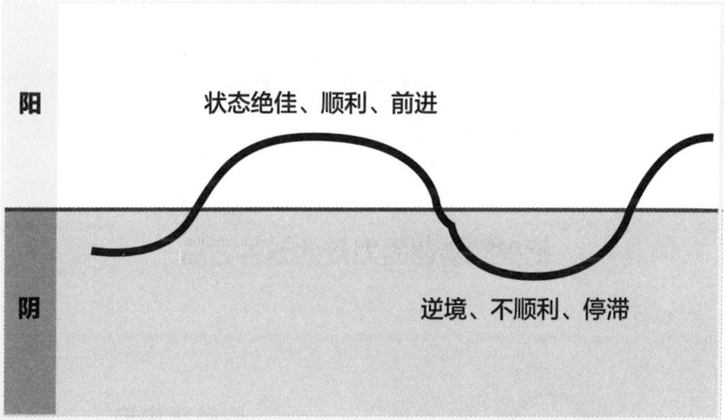

一天跨度内的阴阳状态

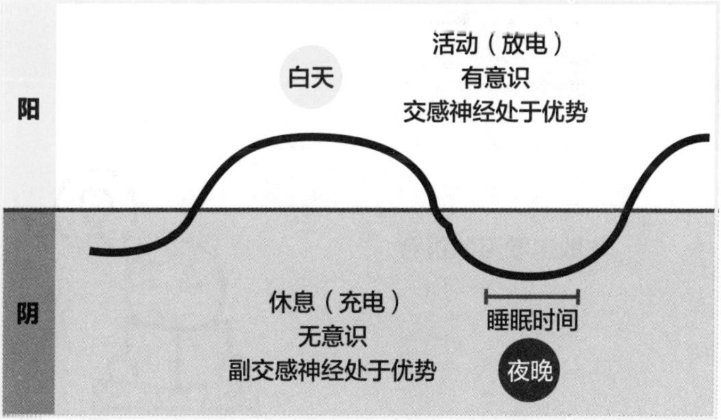

接纳失败的五种方法

人都会经历失败。当自己或别人失败时，应该怎样面对呢？接下来为大家介绍阿德勒心理学主张的方法。

把失败转化为力量的五种方法

失败是接受挑战的证明

失败是学习的机会

失败是再次出发
的原动力

失败是挑战更
大胜利的勋章

失败是下次
成功的种子

弥补过失的三个步骤

失败时，怎样承担责任才最合适呢？可以分三步走。

1 道歉

2 弥补过失

3 防止再次出现同类情况

当别人失败时，我们应该怎样做？

当你的下属、孩子，或者其他对你而言很重要的人失败后，你的举动将产生重要影响。

正确的做法

→总结经验教训，防止再次失败。

不正确的做法

→指责失败。

→使对方丧失信心。

从三种循环中养成新习惯

每个人都有自己的习惯：不同的人刷牙的方法不同，有人坐着爱抖腿，有人拿东西时翘兰花指……不同的人有不同的习惯，或好或坏，五花八门。我们非常适应已经养成的旧习惯，形成了舒适区，因此很难再养成新的习惯。那么，怎样才能养成新习惯呢？

习惯具有下述三个特点：

1 **无意识**

2 **模式化**

3 **得心应手**

正因如此，我们才很难从已经养成的旧习惯中抽身。

谈到养成新习惯，我们须注意“三个3”。首先是3天，先连续坚持3天；接下来是3个月，这是另外一道门槛；坚持3个月后，最后是3年。如果能坚持3年，这个习惯就算真正养成了，它已经内化成了你生活的一部分，你真正掌握了它。

养成新模式

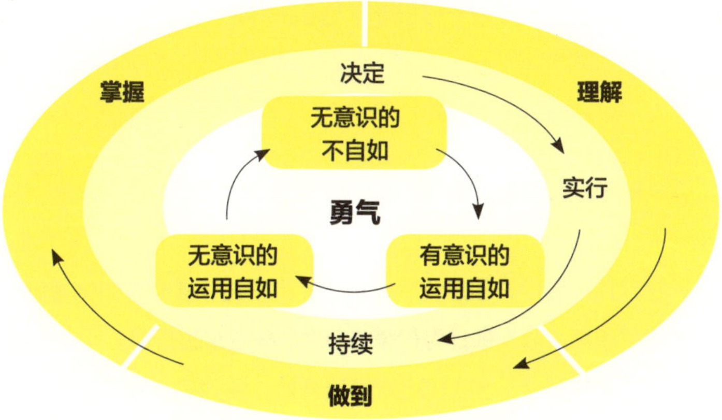

建议大家通过下面三种循环养成新习惯。

1. **决定→实行→持续**
2. **理解→做到→掌握**
3. **无意识的不自如→有意识的运用自如→无意识的运用自如**

专栏

如何维系家庭、职场中的人际关系？
——共同体与机能体

现代社会缺失共同体。

在现代社会中，信息化、城市化、少子化、核心家庭化程度不断提高，职场中以抑郁症为代表的心理疾病越来越普遍。

特别是职场上，从1995年前后开始，绩效主义被广泛运用到方方面面，导致个人主义蔓延，原本的合作伙伴变成竞争对象，以前互帮互助的企业氛围被激烈竞争的氛围所取代。可以说，现代社会人与人之间已经失去了该有的连接。

德国社会学家斐迪南·滕尼斯（Ferdinand Tönnies）将实在的、有机的生命体称为共同体（Gemeinschaft）。滕尼斯认为，作为典型的共同体，家庭、地域社会等是一种“充满信任的、亲密无间的共同生活”。与之相对，观念性的、机械的营利组织被称为社会（Gesellschaft）。（参见下页表格。）

那么身处共同体时的感受（共同体感觉）是什么呢?

共同体与社会

	共同体	社会
典型代表	家庭、地域社会、兴趣小组	企业、政府机关、军队
目的	团体成员的内心舒适	实现目标
特点	稳固（凝聚力、集体意识）	强大（目标实现力）
理想	公平性、安心感	用最少的费用实现最佳的效果

（参考《组织的盛衰》绘制此表）

举例来讲，在家庭中，认为“我是这个家庭的一分子”（归属感）、“我很关心家里的各种事情”（认同感）、“我信任家里的人”（信赖感）、“我要积极为家里做贡献”（贡献感）的状态都属于共同体感觉。

想要修复人际纽带，需要一点点勇气。

就算是和别人吵架了，也要维持基本的礼貌，“早上好”“谢谢”等日常用语不能少；积极思考“我能为这个家（公司）做些什么”；为别人贡献一点自己的力量……

些许勇气就能帮助你维持和挽回与他人的关系。

获得共同体感觉，在赋予勇气中改变人生

至此，我们用阿德勒心理学的知识分析了很多方面的问题。接下来，我们要进一步讲解赋予勇气和共同体感觉——二者密切相关。阿德勒心理学认为，最终获得共同体感觉对于人生幸福至关重要。

阿德勒曾经说：

被诸多人生问题缠身的我们可以确信：问题儿童、罪犯、神经症患者、精神病患者、酒精依赖症患者等正是因为勇气被挫伤，同时缺乏共同体感觉，才出现了各种问题。

从阿德勒的话中能够看出，每个人都能过上幸福、充实的生活。当赋予勇气在你身上生根发芽，你也就领会了共同体感觉。

什么是共同体感觉?

让我们再回到共同体感觉上来。

什么是共同体感觉?

1 **对自己所从属的共同体抱有归属感、认同感、信赖感、贡献感的感觉或情感。**

2 **(共同体感觉)是精神健康的晴雨表。**

共同体感觉在现代社会中的应用

生活在现代社会中,我们希望感受到:

- **与家庭共同体的和解与再构建。**
- **与地域共同体的和解与再构建。**
- **与生命、宇宙共同体的和解与再构建。**

阿德勒对“共同体”的真正定义

阿德勒心理学认为，拥有共同体感觉会让人感到幸福。阿德勒定义了以下三种共同体。

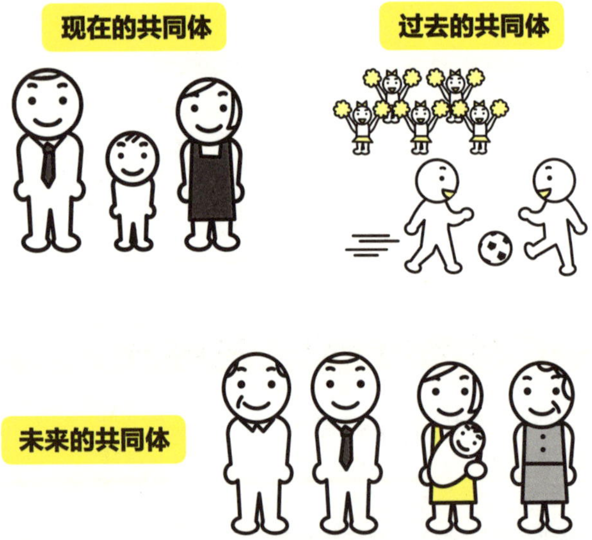

不只有现在的共同体，

还有过去的共同体和未来的共同体。

共同体不是现实中存在的共同体，而是人类理想中的共同体。

共同体中不但有人，还有动物、植物、无机物，甚至宇宙。

附　录

梦的理论与三十四种常见梦境的含义

梦可以被解释吗?

我们都会做梦。梦醒后，有时能清楚地记得梦里发生的事，有时完全不记得或想不起来；有时虽然想不起梦里的具体场景，但是或愉悦，或悲伤，或疲乏的情感会存留下来；有时会日有所思，夜有所梦。

那么，实际上梦有什么功能呢？阿德勒心理学认为，梦具有以下四种作用。

梦的四种作用

1 解决问题（工作、交友、爱情等人生课题）。

2 认清自己身上正在发生的事情，使当前状态明朗化。

3 未来计划（将来想做什么）的排练和预演。

4 唤起内心沉睡的情感。

不存在绝对的象征

· 梦是某些东西的象征，但梦不存在某种固定的、绝对的解释。

· 一般的“解梦指南”不能正确解释它。

· 例如，同样一个苹果，不同的人看，意义各不相同。

阿德勒关于梦的理论

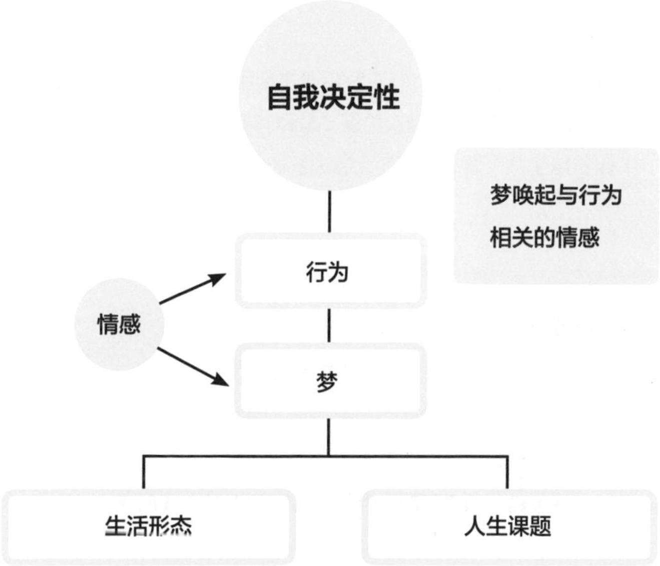

梦是生活形态和人生课题之间的桥梁

梦连接当前面对的问题和人生目标，是二者之间的桥梁，因此经常有梦变为现实的情况发生。原因是人在梦里练习了自己的能力，为现实中的发展做了准备。

与梦有关的八个重要问题

阿德勒发现，梦是“人们在为实现安全和幸福的目标进行训练的过程中所使用的重要手段”，首次论证了梦具有有效功能。

下面总结了八个要点，帮助大家理解如此深奥的梦。

1 梦是用幻想性的语言写就的东西。

· 梦中的东西一定是扭曲变形的现实。

· 可以理解为，梦中的场景之所以扭曲变形，是为了填补理想与现实之间的差距。

· 梦总是面向未来的，但是舞台设定为过去或现在。

2 梦是在预演怎样解决问题。

· 人在梦里创造了木偶剧舞台，通过操纵舞台上的木偶为解决将来的问题进行排练和预演。

3 梦是视觉过程。

· 不习惯从视觉角度思考问题的人基本不做梦。

· 人在日常经历的基础上创造了梦，但是梦里往往没有时间、空间、重力、历史关系等因素。

4 梦中重要的是情节，不是影像。

· 比起梦中出现的影像，梦的情节部分更重要。

5 梦的目的在于通过虚幻的东西激发情感。

· 做噩梦惊醒=提醒你小心行事的信号

· 做梦是自己无意识地提醒自己正身处危险状况之中，没必要深究噩梦的原因。

6 我们之所以会忘记梦到的东西是因为那本身不过是幻影，不值得我们把它弄清楚。

· 梦的目的是创造不受意识支配的图像和情绪。

7 缺乏人类行为模式方面的知识，就解释不了梦。

· 例如，怀有远大抱负的人会梦到顺利克服障碍；胆小怯懦的人会梦到自己被赋予了勇气。

· 不管要解析什么梦，都必须先解释梦中的行为与个人行为特征之间的关系。

8 解析了梦并不代表治好了心病。

解梦：三十四种常见梦境的含义

梦到电梯

1. 梦到电梯上上下下。

· 既有好的时候，也有不好的时候。

·“时上时下，接下来会怎样？”人们会有这种想法。

2. 梦到被困在电梯里，象征着人们认为自己没有自由。

梦到脚很重

象征着认为自己不够好、做得不够。

梦里没有颜色

1. 象征着讨厌情绪化。

2. 象征着认为人生很无聊。

梦到没有面部轮廓的人

象征着不能理解的人、
不明白他在想什么的人。

梦到糖果

· 象征着“好的礼品”。
· 也象征着“宠爱”。

反复做同一个梦，这表明做梦者身上存在一些与梦境相同的倾向。例如，总梦到自己在工作中准备不充分，非常窘迫的样子，这可能与小时候总挨父亲批评，时刻心惊胆战的经历有关。反复做的同一个梦与做梦者特有的经历和想法有关。

梦到游泳

象征着度过人生。

梦到被人追赶

· 这是“焦虑”的象征。

· 象征着认为人生是一场竞争。

· 象征着认为自己绝对不能输。

梦到过河

这是“决断”的象征。

梦到自己是观众

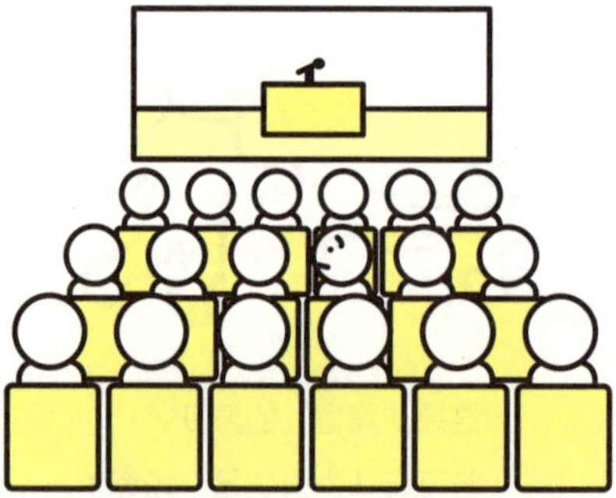

象征着自己想一直做一名旁观者。

梦到自己动弹不得

1. 象征着认为自己在问题面前无能为力。
2. 象征着被束缚，渴望自由。

女性更容易受社会束缚，因此据说女性更容易做这种梦。

梦到头发

象征着自身形象。

梦到已经去世的人

象征着“不可以忘记已经过世的那个人”的想法。

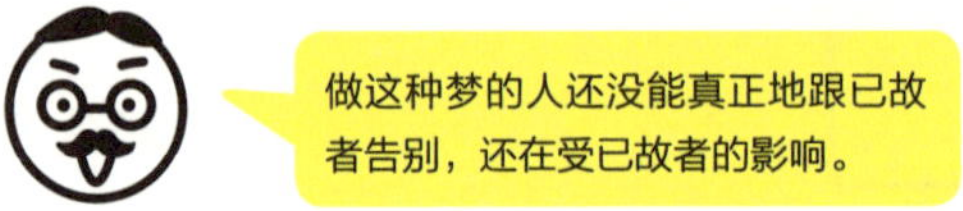

梦到残忍的行为

· 象征着强烈的愤怒和复仇意念。
·“你这个家伙，看我怎么收拾你！”

梦到自己穿着讲究

象征着“担心自己的不完美状态被人发现了怎么办”的不安情绪。

反复做相同的梦

反复出现的梦象征着现实中反复出现的问题和问题的答案。

梦到小动物

象征着孩子或弟弟妹妹。

梦到性爱

1. 象征着做梦者对性存在错误的认识。

“我是英雄，我做了别人不让我做的事。”

2. 象征着想要逃避伴侣，躲进自己的世界。

“没有他的话，原本我会生活得很幸福。”

梦到考试

· 象征着面临考试或其他问题。

·“还没准备好。”

·“上次及格了，这次也没问题的。”

梦到汽车

1.（梦到自己开车）象征着自立。

“自己驾驭自己的人生！”

2.（梦到别人开车，自己坐车）象征着依赖。

“希望别人帮自己解决问题。”

梦到与同性交往

象征着对异性感到恐惧或产生敌意。

梦到没赶上公交车

1. 象征着因迟到而错失机会。

2. 象征着以迟到为借口，逃避害怕的事情。

“没赶上车，我也没办法。”

梦到火车

1. 象征着想去某个地方的心情。

2. 象征着"自己不想努力，希望别人帮自己做"的想法。

梦到坠落

1. 象征着对失去特权的恐惧。

· 长子经常会梦到坠落。

· "我是不是就要失去……地位或特权了？"

2. 象征着对失败的恐惧。

· "努力也没用。"

· "降低目标，以防失败。"

梦到飞行

1. 象征着正在克服困难，朝目标努力。

· 如果是积极进取的野心家梦到飞行，往往是这个意思。

· 不知怎么决断时，会常做这种梦。

· 有自信。

2. 象征着渴望自由的想法。

梦到飞机

乐天主义者经常做这种梦。

梦到穿着西装

1. 象征着自身形象。
2. 象征着财产。

梦到排便

象征着强烈的愤怒和复仇情绪。

梦到猛兽

象征着“人生很危险”的想法。

做的梦很长

1. 象征着认为需要反复确认安全与否。

2. 象征着同一个问题同时有多种答案。

做的梦很短

象征着在寻求解决问题的捷径，或者梦在揭示捷径。

做的梦令人不安

象征着害怕在现实生活中失败。

做梦时尿床

· 象征着对于自己被无视的报复。

· 孩子容易在梦到小便时尿床。

不做梦

1. 象征着不愿意改变的心情。
2. 象征着缺乏想象力，缺乏对人生的深入思考。
3. 象征着没有遇到什么大问题。

做梦后又忘记

目的在于体会情感，梦里的情节没有意义，所以就忘记了。

完全不做梦的人非常少（实际上绝大多数人都会做梦），他们或者是完全没有视觉感受的人，或者是能够在日常生活中客观解决一切问题、非常幸福的人。

结 语

读完本书，你有什么感想?

我一直想写一本包罗阿德勒心理学整体框架的阿德勒心理学入门读物，一本有丰富的插图、读完能把阿德勒心理学的概要知识装进脑子里的书。如果它能激发你对其中某一部分理论的兴趣，促使你更加深入地研究下去，我的目的就完全达到了。

从这个层面来讲，本书帮我实现了愿望。

当初，我因为其他事情与神吉出版社的常务山下津雅子和星野友绘（在本书的出版过程中曾给予我很多帮助）会面，偶然谈及“想写一本阿德勒心理学入门读物”，直觉告诉我，他们能帮助我实现愿望，本书的构想就此诞生。

从这个意义上讲，没有他们就没有这本书，在此谨向山下津雅子和星野友绘表示诚挚的谢意。

本书包含两部分的内容，一部分是我日常讲阿德勒心理学基础课时的讲义，另一部分是在此基础上补充的其他入门级讲座的内容。

为了使本书轻松易读，我精选了阿德勒心理学的精华部分，讲解方式通俗易懂。不擅长阅读文字的人也能轻松驾驭本书，读起来完全不费力。

最后我还有一个请求。希望广大的读者朋友们读完本书后不要只停留在理论层面，而是要把书中的知识运用到自己的生活中。

阿德勒心理学只有与实际生活结合，才能真正发挥作用。刚开始时可能只是一点点改变，慢慢地变化不断发生，最后你的整个人生都将发生改变。

非常期待你拿出勇气，迈出接下来的重要一步。

岩井俊宪

2014年12月